爱上科学
Science

月球的价值
月球的探索与开发

[美] 保罗·D. 斯普迪斯（Paul D. Spudis）著
魏晓凡 译

人民邮电出版社
北京

图书在版编目（CIP）数据

月球的价值 : 月球的探索与开发 / (美) 保罗·D. 斯普迪斯 (Paul D. Spudis) 著 ; 魏晓凡译. -- 北京: 人民邮电出版社, 2022.12
（爱上科学）
ISBN 978-7-115-59849-3

Ⅰ. ①月… Ⅱ. ①保… ②魏… Ⅲ. ①月球探索—普及读物 Ⅳ. ①V1-49

中国版本图书馆CIP数据核字(2022)第201037号

◆ 著　　　　［美］保罗·D. 斯普迪斯（Paul D. Spudis）
　译　　　　魏晓凡
　责任编辑　周　璇
　责任印制　马振武

◆ 人民邮电出版社出版发行　　北京市丰台区成寿寺路 11 号
　邮编　100164　　电子邮件　315@ptpress.com.cn
　网址　https://www.ptpress.com.cn
　涿州市般润文化传播有限公司印刷

◆ 开本：880×1230　1/32
　印张：9　　　　　　　　2022 年 12 月第 1 版
　字数：145 千字　　　　2024 年 8 月河北第 5 次印刷

著作权合同登记号　图字：01-2018-2236 号

定价：89.80 元

读者服务热线：(010)53913866　印装质量热线：(010)81055316
反盗版热线：(010)81055315
广告经营许可证：京东市监广登字 20170147 号

内容提要

数千年来，人们都梦想着近距离接触月球。登月会给人类增添许多新的本领，是人类的航天事业突破地球低轨道之后的必经之路。全书共十章，以月球的价值为主题，探讨了关于人类从前怎样奔向月球、有何发现，以及人类为了重返月球所做的各种努力。人类登上月球这一奋斗过程中的许多次走走停停、起起落落，在作者笔下串联起来。其中，最重要的内容是人类为何要重返月球，以及要采用怎样的手段实现这一目标。本书适合天文爱好者及科普爱好者阅读。

前 言

1996 年，我出版了《月球：继往开来》（*The Once and Future Moon*）一书。那本书旨在为非专业领域的读者介绍月球科学，为对月球感兴趣的人讲解机器人和人类探月任务的历史与前沿。当时，我们已经得到了一些关于月球的价值的关键线索，比如月球上蕴藏着大量的资源和能源，它们对人类的可持续发展而言是必需的。从那时起一直到现在，宇宙飞船、探测器和机器人（月球车）进一步向我们展示了这些资源的存在状况，其结果证实：月球的探索和开发，比我们原来想象的更为重要。

要把人送上火星，有一种进程较慢但“步步为营”的方式，那就是耐心地、一点点地扩展太空飞行器的活动范围。要完成这一构想，人类需要一系列的技术进步，比如可以重复使用的太空运载工具、太空中物资储备站的分阶段建设，以及开发地外资源服务于太空旅行的能力——特别是能在地外取得一些耗用量大而成分简单的资源，比如维持生命的消耗品和火箭的燃料等。对于这类资源，大自然为人类提供了一个可靠的产地，那就是月球，它能在人类的伟大征途中添上一臂之力。

利用好月球，人类就有了开展太空飞行活动的新动力。众所周知，太空中最有用的资源——固态水，在月球的两极地带有很丰富的储量。由于月球的两极地带有几乎可以持续地生产电力的区域，人们可以去那里提取这批宝藏。这些位于月球极地的“绿洲”可以让人们在月球上一边居住，一边学习如何使用地外的物产与能源。这类活动将开创载人太空飞行的新范式，也就是让人类开始在太空中取得物资，而不再需要从地球携带所有的物资，毕竟地球位于太阳系中心区域内，地表的引力束缚实在太强大。要克服地球引力向太空发射物资需要耗费大量的能源，而从月球上收集物资并发射只需要克服月球的引力，月面引力是地球引力的六分之一，这样耗费的能源大大减少。这样的进步，对宇宙旅行而言将是划时代的。

如何在月球上以合理的方式成就人类的事业，对实现这个划时代进步是至关重要的。人们能用于太空事业的金钱和时间都很有限。我相信，有一条通向月球的道路，它可以绘出一幅让太阳系来助力人类经济发展的前景画卷。

当代技术的发展，离不开太空的丰富资源。依靠它们，人们可以监测气象和环境，提供覆盖全球的高速通信，为世界的各个角落带来精确的导航，保障世界的安全。

本书要讲的故事，就是关于人类从前怎样奔向月球、有何发现，以及人类为了重返月球所做的各种努力。其中，最重要的内容是人类为何要重返月球，以及要采用怎样的手段实现这一目标。再次登月，会给人类增添许多新的本领，从理论上说，它是人类的航天事业突破地球低轨道之后的必经之路。

感谢我的许多同行对这本书稿进行了严谨的全文审读或部分章节审读，他们分别是：亚利桑那州立大学的萨姆·劳伦斯、约翰逊航天中心的约翰·格罗伊纳、弗拉萨尼托团队的杰克·弗拉萨尼托、马歇尔太空飞行中心的托尼·拉沃伊，以及现在进入了美国国家航空航天局（下文简称 NASA）领导团队的、约翰·霍普金斯大学应用物理实验室的本·伯西。我永远的贤妻安妮为这本书稿提出了数量最多的真知灼见，她既是个眼里容不下沙子的编辑，也是个举世难寻的良友。我几易书稿，都离不开她广博的才华，这是我尤其要称谢的。

目 录

第一章

玉兔浮太空，地球古来伴

数千年来，人们都梦想着近距离接触月球。真正飞离养育我们的地球、打开通向宇宙的门径、踏上奇异的外星世界，我们才刚刚经历不久，现在这些还存留在我们鲜活的记忆里。近年来，多个国家的一系列自动化探测器对月球做了详细的测绘，这对下一步的探月工作起到了决定性的作用。令人惊讶的是，人们发现月球上蕴藏的物料和能源足以让人类在那里进行长期、可自我持续发展的生活。在月亮的两极地区，人们发现至少有数十亿吨的固态水隐藏在低温的阴影区域之中。在这些储水区周围，有很多区域会在一年（指月球上的一年）之中的大部分时间里暴露在阳光下。有了阳光和水源，人们就有条件考虑去月球上建造新的太空飞行工具。所以说，月球作为一颗星球，可以说是一份独一无二的宝藏，它给人们未来的策略和行动提供了太多的可能性。

月球离地球很近，所以人类可以相对轻松地多次登陆，其他那些位于更加遥远的宇宙中的“目标”就没这么容易接近了。月球是“近水楼台”，很适合人们把机器人发射到它表面，然后在地球上遥控这些机器人制取液态水，并进行一些前期准备工作，便于让后续到达的人类在月球表面定居。在太空旅行的各个目的地星球中，除了月球，没有哪个星球能允许人类在派人登临之前就提前开始建设。月球表面是地球低轨道之外最为廉价的空间新疆土，如果人类对它使用得当，可以更快地取得重大的进展。月球表面的重力只有地球的六分之一，人类未来要想在各个行星之间飞行的话，所需的水、空气和推进剂都更适合从月球的资源中转化而来。

月球作为地球的天然卫星，虽然个头小，但是颇为复杂，有着漫长的历史和引人入胜的演化过程。月球的岩石和土壤隐藏着太阳系早期景况的诸多线索。在那个久远的过去，行星彼此冲撞，地球尚未固结，正在形成中的星球外壳被飞溅在宇宙间的碎片不断地猛击。月球也有自己的核心区、幔部和外壳。月壳中也有数千立方千米的岩石在狂暴的撞击中被粉碎、熔化并飞散出去，让环形山、盆地等一系列地貌“洗牌”，变得更为斑驳错杂。月球内部的熔融现象生成了岩浆，而岩浆被释出月面后就变成了大规模的熔岩流，淹没了月面上的很多地区。在这个地质活动十分狂暴的阶段过去之后，最近 10 亿年来，月球表面的异动程度就微乎其微了。月面世界就像一个巨大的历史标本，吸引着我们，并且对我们目前关于宇宙演化历程的理解提出了挑战。

上述这些理由，都可以让月球跻身最有价值的目标之列，它左右着人类开发太空的战略方向。半个世纪之前，航天员登上了月球，因为在合理的时间范围内完成载人登月任务，是太空计划进展的一个重要节点。如今，月球依然离我们很近，如果考虑到它蕴藏的资源，它毫无疑问会再次成为一个充满吸引力的天体。在考虑这一点时，人们就很有必要弄清人类当年是如何登上月球的、当时学到了什么，以及人类为什么要重返月球。人类登上月球的努力，以及这一奋斗过程中的许多次走走停停、起起落落，将在我的笔下串联起来。这个历程就像西西弗斯推石头那样，每当奋斗者们觉得计划即将驶上正途时，它就会跌回出发点。不过，与西西弗斯不同的是，每次争取重返月球的努力失败后，都会带来一批新的数据和信息，而这些数据和信息会进一步向大家展示出造访月球的价值和意义。“飞向月球”的纷繁故事，既千回百转，又引人入胜，涉及政治、经济、科技。

月球是一个神秘、令人惊奇和仰慕的物体

从地球的夜空中看，月球是一个大星球，永远不缺魅力、被人敬畏。从祖先对它的第一瞥开始，人类就对它充满兴趣，一直在思索它、研究它、描绘它在天穹上走过的轨迹。对生活在变幻莫测、充满潜在危险的地球上的人类祖先来说，月亮通过它的形状和升落呈现出有规律的变化，显示出大自然的秩序。月球的存在，让先民们得以准确地测算日子的流逝、预测季节的更替，以便未雨绸缪。对趋势的预判，不论对人而言还是对其他动物而言，都是一种重要的求生技术。在人类早期的宗教观念中，包括了对自然的崇拜。伴随着流水般的光阴，月亮的外观周而复始的变化带来了“月”这个时间单位的概念。这一概念成了人们对自然节律和自然周期的参考，规范了人们的生活节奏。同时，月相周期和女性的月经周期差不多，这让先民们认为，天空中一定也生活着女性的神祇。古希腊人认为在诸神所住的“万神殿”中，月亮女神阿尔忒弥斯、戴

安娜和塞勒涅就这样审视着大地。

即便在当代社会已经基本抛弃了对月亮的原始崇拜之后，月球依然是计算日期的必备根据，并且保持着它对人类的魅惑力。一些著名的历法是基于月球变化设立的，而非基于太阳的运动。月球和太阳的运动周期并不成整倍数的关系，所以一些宗教节期每次对应的公历日期也都不相同。月球除了有着被当作实用计时工具的漫长历史，也深入了人类的文化世界。在工业社会出现之前，满月的光芒让人们得以开展很多夜间户外活动。那时有些人相信，明亮的圆月会令人的行为习惯变得反常、脱序，于是，关于"狼人"和"月下癔症"的传说便大规模地流传、演变。

如今我们知道，作为地球的天然卫星，月球一直与人类的起源、发展和演化有着联系，未来也将如此。月亮以大约 28 天的周期围绕着地球公转，稳定了地球自转轴的倾斜角度，使得各个地质时期可以持续更长的时间。如果没有月球施加的这种作用，地球的自转轴姿态就会变化得很快、很没规律，那样的话，地球的天气系统就会变得像火星一样在各种极端天气之间疯狂切换。月球对地球的绕转也引发了地球海岸的潮汐现象，有些地区周期性地被海水淹没，有时在水下，有时露出水面，由此推动了生物演化。据信，这样的地区有利于陆生生物的出现——原有的某些海洋物种会获得在干燥的陆地上暂时存活下来的能力。可以说，月球以其引力作用，成了地球生物进化的一个重要推手。

阿那克萨哥拉是古希腊哲学家群体中最早尝试以科学方法研究月球的人之一。他认定，月亮本身不会发光，月光只是由月面反射过来的太阳光。他也对日食的原理做出了已知、最早的正确解释。亚里士多德确信月亮是一个球体，并且总是以相同的一面（也就是离我们较近的这一面）对着地球。阿利斯塔克通过计算得出月球与地球的距离是地球半径的 60 倍，这个结果即便在今天看来也准确得惊人（如今人们知道，月球绕地球运转的轨道是椭圆形的，月球与地球的距离在地球半径的 57 倍到 64 倍之间变化，最近约 363 000 千米，最远约 406 000 千米）。

在整个中世纪，直到大约 15、16 世纪，月球在天文学家的眼中只是众多星球之一，但它在现代物理科学的生长演进之路上扮演了重要的角色。意大利的哲学家、物理学家、天文学家伽利略不仅用早期的望远镜观察了月亮，还进行了一些关于运动定律的实验，他也是哥白尼的日心说理论的早期信奉者。丹麦天文学家第谷在信奉旧理论(即“恒星固定镶嵌于天球背景中，月亮和行星在该背景上移动”）的前提下，对月亮和行星的运动情况做了很多观测记录。德国的开普勒在第谷的数据基础上，求解出了行星运动的三大定律。开普勒的一个关键观点是：行星及其卫星们沿着椭圆形轨道运动，而非哥白尼设想的那种正圆形轨道。等到文艺复兴被启蒙运动所取代的时候，英国的牛顿整合了第谷的观测成果和开普勒的行星运动理论，创立了万有引力理论。月球在其间再一次起到了关键的作用：当牛顿在自家花园里看到一颗苹果从树上落地时，他就开始思索，使苹果掉落的力量，与使月亮绕地球运动的力量是不是同一种东西。正是在这种单纯的冥思之中，物质运动定律和万有引力思想被孕育了出来，这可是一套能用来解释物质世界的，既精美又严谨的科学理论。

虽然仅凭肉眼无法分辨出月球上的地貌，但这个明亮“圆盘”上明暗相间的斑块还是被先人们解释成了各种各样的形象，比如“月上之人”、兔子、狗、龙、桂树，以及其他生物或物体的轮廓，这倒很像“罗夏墨迹测试”。[1]月面的较亮区和较暗区，对应着月球上两种最主要的地貌：较暗的区域是地势平坦的“海”（拉丁文是 maria），较亮的

[1] 译者注：这是一个著名的心理学测试，将一套无意义的对称图案展示给被测者，根据被测者对图形含义的解读来分类判断其心智特点。

区域则是地势崎岖的山地（拉丁文是 terra，或称“陆”“高地”）。其中，月海和其他反光能力较差的地区有着更为混乱的过往。伽利略经常把月面上比较暗的区域记作“海”，但他从来没表示过月海里一定有水——他仅仅暗示那里“或许”有水。借助当时的新发明——望远镜，伽利略为月面复杂的地形画出了详图，并配上了详细的文字描述。许多哲学先贤认为月球表面十分平滑，但伽利略在月相不同的日子里观察了月面的光照效果之后，发现实情并非如此。月面的地势起伏不平、曲折交错，既有高耸峭拔的山峰，也有引人注目的、数量众多且大小不等的圆形洼地。尽管最近 200 年来的天文学家们已经把月球朝着地球这一面的地形彻底描绘了很多遍，但用“环形山”（crater）这个词来指代月面上的圆形洼地，是 18 世纪晚期才开始的事。

随着天文望远镜建造得越来越强大，月球面对地球的一面更是已经纤毫毕现（见图 1.1），天文学家们的兴趣大多已经跳过了月球，跑到了更遥远的恒星、星云和星系上。还在坚持研究月球的人所剩不多——主要是一些被视为“死脑筋”的天文学家，还有业余的天文爱好者、比较另类的地质学家等。在 19 世纪和 20 世纪早期，关于月球的学术成果大部分是描述和研究月面地形及其来源的，其中

图 1.1　这是利用“月球勘测轨道飞行器”（Lunar Reconnaissance Orbiter, LRO）的广角相机（WAC）数据加工而成的一张月球照片，月相为盈凸月。月面颜色较暗的区域是平坦的玄武岩平原区（“月海”），由流动的岩浆冷凝而成。这些岩浆大部分是 30 亿年前喷出来的。而那些外观粗糙、密布着环形山的高地，则是残留下来的月球原始外壳。亮斑处都是离现在较近的时期形成的环形山。

最受关注的就是环形山的生成机制。针对这个问题，当时有两个主要的学术派别。其中一派认为：环形山是月球上的火山喷涌和爆发造成的；另一派则认为：环形山来自小天体的撞击，比如砸到月球上的小行星和彗星。两派的争论非常激烈，甚至上升到了信仰之争的程度。人们对这一争论行为的关注热度，经常超过了他们争论的问题本身。这两种关于环形山生成机制的设想，背后有着截然不同的思维指向：持火山喷发观点的一派认为月球其实是一个依然有着地质活动的天体，其内核是高温的，火山系统也还在运作；持天体撞击观点的一派则认定月球已是一颗"死"掉的星球，其内部温度已经降低，不会再有地质活动。双方为了支撑自己的观点，各自收集了一批说服力很强的例子。在这个问题上，那些研究地球表面地势成因的理论成果几乎用不上，尽管地球上有不少已经被研究多年的火山，但在 20 世纪初，学界的论述中还没有哪个地球地貌被认为是由星体撞击造成的。

1892 年，美国地质勘探局的首席地质学家格罗夫·卡尔·吉尔伯特对月球的环形山产生了兴趣，他在位于华盛顿的海军天文台度过了很多个夜晚，使用那里的望远镜去研究月球表面。他还听了一场关于陨石碎片的报告会，那些碎陨石是从亚利桑那州北部一个叫作"浣熊丘"（Coon Butte）的地质景观附近收集来的。矿物学家艾伯特·富特描述了这些铁质的陨石，并且提到了它们被发现的位置接近“浣熊丘”，但并没有把它们的出现和“浣熊丘”在理论上联系起来。吉尔伯特听后决定深入研究“浣熊丘”，并假设它就是一个被陨石砸出来的环形山。在认真测量了它的形状后，他估算了当初砸出这个环形山所需的铁质陨石的大小。他推断这么大的一个陨石一定会在这个环形山底部的地面之下有所残留，而且残留物的含铁量应该相当高，于是他就使用“磁偏角针”（用来探测地球磁场变化的一种工具）去搜寻这些残余的铁。虽然他的测量十分用心、周密，但他还是没有找到被埋藏的铁陨石。于是，他沮丧地（而且是错误地）下结论说，“浣熊丘”的“环形山”应该是火山喷发而非陨石撞击的痕迹。如今，我们已经知道“浣熊丘”属于陨击坑，它被认为是世界上最早被文献记载的、由陨石撞击而成的地质景观。回头看来，吉尔伯特是怎么犯下这个错误的呢？毕竟他认真考虑过那个正确的答案，但最后放弃了它。

当时的吉尔伯特并不知道，这样的撞击体的速度是极高的（不低于 10 千米/秒），蕴含的能量太多，因此它本身会像一个点状的能量源那样向外释放能量，从而蒸发掉，所以撞击坑底部的地下也不会有残留的铁。这种撞击事件与核弹爆炸极为相似。其实，当这个坑在大约 5 万年前因铁陨石的撞击而诞生时，场面应该与核弹爆炸如出一辙：先是发出强烈得足以致盲的闪光，然后腾起蘑菇云。对这个陨击遗迹的认定，仿佛开启了一道泄洪闸：地球上的数十处环形山地貌由此开始被识别和归类，而且这个研究过程持续至今。这类研究让科学家们开始了解高速撞击事件中的物理和化学效应，这方面的知识对我们分析月球样品至关重要，同时也能给我们开启一片理解地球历史的新天地。

月球成为目的地：太空竞赛

去月球上旅行，是无数幻想类的文艺作品中出现过的主题。但是，若严谨地谋划这样的旅行，则要等到齐奥尔科夫斯基、奥伯斯、戈达德这些人建立起火箭和太空飞行的基本理论才开始。火箭技术从 20 世纪 40 年代开始大踏步发展。纳粹德国率先开发出了世界上第一枚洲际弹道导弹。第二次世界大战结束之后，部分国家发展更大更先进的洲际弹道导弹的工作依然紧锣密鼓地进行着，这也引发了人造地球卫星的出现：苏联于 1957 年发射了“斯普特尼克 1 号”（Sputnik-1），美国接着在 1958 年发射了“探险者 1 号”（Explorer-1）。人类进入了太空时代。

在这种背景下，月球就不可避免成为了太空探索事业中的一个关键天体。事实也是如此：太空时代开启后，很快就出现了月球探测——1959年，苏联发射了“月球2号”。这个无人探测器在飞行了3天之后到达月球，是第一个落在其他星球上的人造物体。月球的地位显要，又离地球这么近，所以迅速成了美国和苏联之间竞争的焦点。1961年5月，作为大国竞争中对苏联的回应，美国总统约翰·肯尼迪宣布将在1970年之前把人类航天员送上月球，并声明此事属于美国的国家战略任务。当时，大家普遍认为苏联已经接受了美国的挑战，于是“月球竞赛”正式打响。随后，两国开展了一系列绕飞地球的航天活动，这让20世纪60年代充满了各种太空新成就，包括出舱活动（太空行走）、两个航天器之间的交会和对接、长时间太空飞行（滞空最长时间达两周）、在离地数百千米的极高空层飞行、复杂变轨技术的纯熟化等。所有这些技术，都是把人类送上月球的飞行任务所必需的。

与此同时，美国还发射了一系列用于观察和勘测月球的太空探测器。这些探测器轻巧地降落在月球表面进行勘查工作，比如分析月球土壤、取得高分辨率的月面地貌图像等，为即将到来的人类登月做准备。硬着陆器“漫游者号”（Ranger）、软着陆器“勘测者号”（Surveyor），以及“月球轨道飞行器”（Lunar Orbiter）系列探测器，为人们提供了关于月面的特征、作用过程和演化史的第一批深入知识。科学家和工程师由此发现，月球表面虽然布满灰尘，但其强度足以支撑载人着陆飞行器和航天员的重量。同时，他们也知道了每平方毫米的月面上都分布着陨击痕迹，最小的环形山需要用显微镜才能看得到，最大的环形山则是直径几千千米的盆地。月球背面的景观，可以说与它对着地球的这一面迥然不同。在月球的正面，有很多暗沉、平滑的月海，但月球背面几乎不存在这种地形。在月海中，人们还发现了许多并非来自撞击的不寻常的地貌，它们极有可能起源于流动的火山岩浆。假定绝大多数的环形山是陨石撞击的结果，则环形山的数量和分布情况就能说明月球的历史非常悠久。月球表面为我们展现的，是它暴露在太空中数千万年乃至数十亿年之后的结果。

“阿波罗”（Apollo）飞船的系列飞行总共从月球上带回 380 千克的岩石和土壤样本，这些样本有力地证实并拓展了上述推论。学者们发现，月球岩石的各种矿物成分绝大多数能在地球上找到，它们几乎是 46 亿年前与地球一同形成的。这些样本还说明，早期月球的表面绝大多数被液态的岩石物质所覆盖，也就是一片岩浆之“海”。在距今

43 亿年时，月球表面固化了。但在接下来的 4 亿年，又有数量惊人的小行星和陨石轰击了月球，月球的外壳被翻搅了个遍，由此出现了密布着环形山的粗糙表面。到距今 39 亿年时，一连串“终极撞击”降临月球，制造出月面上相对年轻的一些盆地，其中就包括月球正面的雨海（Imbrium）盆地。在接下来的 8 亿年里，这些盆地中较为低洼的地区逐渐被火山熔岩填充起来。在最近的 20 亿年内，月球大体上处于平静的状态，除了偶尔遭到较大的陨石撞击外，通常是“沐浴”在持续不断、稀疏的微型陨石构成的“雨”中，这些微小的撞击物慢慢地把月球表面研磨成了细粉状。

这些关于月球演化史的历程，描绘出了一个比太空时代到来之前的想象更复杂、更有“故事”的天体。“伤痕累累”的月球表面不仅记录了它自己的遭遇，也反映了“地球-月球”这个小系统周围的太空环境。由于月球没有自己的大气层和磁场，它表面的尘埃留下了最近 30 亿年以来太阳释放物质粒子的记录。在宇宙的这个局部，月球就像一块记录板；又仿佛是一个经历了漫长地质年代的时间胶囊，等待着人类去打开并解读。

人类“阿波罗”计划第一次从别的星球上取回物质样本，那些样本全都来自已知地理坐标和地质背景的位置。人类从月球样本中获取信息，并将其与那些作为先驱的探测器取得的数据结合起来变成知识。此外，人类还通过区域遥感获取了补充性质的信息。利用这些资料，人们得以更准确地还原出月球的过往情况。“阿波罗”计划最为重磅的科学成果，就是帮人们了解到历史上的陨击过程对太阳系演化所起到的不可替代的关键作用。产生于太空时代之前的那些令人存疑、不牢靠的观点逐渐退场了，取而代之的是固态天体碰撞会在行星形成和演化过程中起到根本性的基础作用的观点。通过研究月球样本掌握了高速撞击事件在物理和化学上的效果，人们很快就意识到地球在遥远的过去也被颇大的天体撞击过。特别是发生在 6500 万年前的恐龙灭绝事件，目前认为当时有一颗直径达 10 千米的小行星撞上了地球。星体撞击会导致大规模物种灭绝——这种观点很快就被应用到由化石记录所呈现的其他物种灭绝事件的证据上。部分科学家指出，因星体冲撞而出现的大量灭绝，是生物进化的主要动力之一。所以说，由于五六十年前的登月行动，人们才看到了地球的生命演化史上某些非常深邃的东西，而这又为人们回望过去，以及更加冷静地推测未来趋势提供了进一步的线索。

月球是真正可开发的资产

“阿波罗”计划尽管在科学技术上成就显著，但也给怀揣太空梦想的人们留下了很多遗憾。它的直接功能毕竟只是展示美国当时在技术上的优势。它的外在目标只是“将人类送上月球，然后再让他们平安回来”。一旦实现了这个目标，就不再有把它长期实施下去的理由，这样也就没有更多的人登月，更遑论飞入更遥远的太阳系空间了。所以说，这个计划自身就蕴藏着“自灭”的种子。美国后来有了设计制造可重复使用的航天飞机的决策，以节省太空飞行的成本。虽然航天飞机项目并未像预期的那样把成本降下来，但发展航天飞机的过程为航天工程指出了一个新的发展方向，那就是使用可以替换的、“模块化”的组件。人们如果需要巨大的航天器，可以每次只发射它的一小部分，通过多次发射的积累，将其在太空中组装起来再运行。这样，向太空运送东西的能力可以成倍地增长，航天活动也可以连续性地长期开展。随着国际空间站的组装完成，这一工作思路到达了它的巅峰。

此时，登月任务被边缘化，陷于沉寂。一些试图发射无人飞行器去获得月球遥感数据的任务也没成功，而这本来可以帮助人们更好地解读“阿波罗”计划留下的珍贵的科学数据。随着航天事业的重心转移到了航天飞机上，在地球低轨道上建设空间站就顺势成了焦点任务。然而，到了20世纪80年代中期，一系列事件的发生让月球再次成了焦点，这一轮探月的兴趣持续至今。首先，人们认识到，在建好空间站之后，顺理成章的接续动作就是要设计一种轨道转移运载工具，用来把东西从空间站所在的轨道运向更高的轨道，比如离地约36 000千米的“地球同步轨道”（Geosynchronous Earth Orbit，GEO）。而如果一种运载工具可以到达地球同步轨道，也就可以到达月球，于是又出现了一批围绕往返月球进行的研究，而且它们强调的是更长期、更具永久性地驻扎在月球上。

既然想在月球上长期驻扎，那么焦点就不可避免地转到了如何从月球上直接获取原料并加工上，因为这可以让登月者在一定程度上能够实现自给自足。这一理念叫作“就地资源利用”（In Situ Resource Utilization，ISRU）。如果人类打算在太空中和其他星球上长久、成规模地存在，那么“就地资源利用”的技能显然就是登上这个梦想舞台所需的一种核心资本。沿着这种思路，人们就必然会对获取更多月球数据产生兴趣，尤其是月球两极附近那些奇异的区域环境数据。因为月亮的自转轴与黄道面几乎是垂直的（见图 1.2），所以如果从月球的两极地区看，太阳几乎总是停留在地平线[2]上。于是，那里的一些阴影区域终年不见阳光，温度自然也特别低。科学家认识到，这些“冷阱”里藏着的可能不只有固态水，还可能有多种挥发性物质，它们都是含有水分的彗星和小行星在撞击月球时留下的，经历了漫长的地质年代存到了今天。而在这些区域旁边，还有一些或许终年都能被阳光照到的区域。这一近乎取之不尽的光源可以用来产生电力，帮人们度过月球上那长达两周的黑夜。当时，这些财富的细节还不为人知，就连它们的存在也还停留在猜想的状态。不过，在最近的 20 年里，多次无人探测器带回的数据颠覆了我们关于月球的陈旧认知，特别是关于月球极地的环境和沉积物的认知。

1994 年，“克莱门蒂娜”（Clementine）探测器在绕月轨道上测绘了整个月面的地形图和矿物分布图。这次飞行中还进行了一次临时安排的实验：用探测器上的无线电

[2] 译者注：严格说应该叫“月平线”，但叫“地平线”在此也不至于让人产生误会。

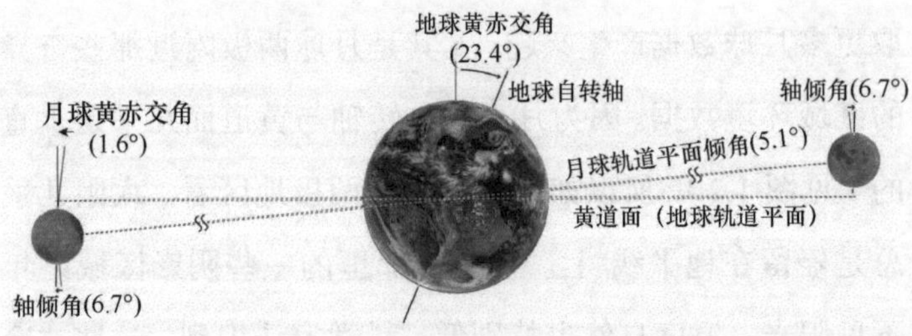

图 1.2　这是地球和月球轨道姿态的示意图。“地球-月球”体系绕太阳公转，这个公转轨道所在的平面就是“黄道面”。而月球绕地球公转的轨道所在的平面与黄道面之间有 5.1° 的夹角，但月球的自转轴又与它的轨道面的垂线有 6.7° 的夹角，所以月球自转轴与黄道面垂线之间的夹角（即“自转轴倾角”）只有 1.6°。可以说，月球的自转轴垂直于黄道面。与之相比，地球的自转轴倾角达到了 23.4°。

发射器作为波源，对月球两极附近的环形山里的阴影区实施了无线电照射。结果，从月球南极附近的沙克尔顿（Shackleton）环形山反射回来的电波显示，那里很可能存在固态水。这一发现在几年后被“探矿者”（Prospector）探测器所证实。该探测器发现月球两极的含氧量在增加。这种结果震惊了研究月球的科学家，毕竟从以前“阿波罗”计划时取回的样本来看，月球是彻头彻尾的干燥星球，而且一直以来都缺水。因此科学家必须修正原有的认识，并且重新建构人们对月球发展史的理解。又过了几年，样本研究、遥感研究和理论建模的结果都指向了由“月球陨坑观测与遥感卫星”带来的毋庸置疑的水蒸气与固态水侦测结果，它向人们确凿地展示了固态水在月球两极地区的显著存在。按目前的保守估计，月球两极的固态水储量少则各几亿吨，多则各超过 10 亿吨。此外，人们也发现了月球两极附近许多日照时间很长的小区域，它们每年被阳光照射的时间超过了九成。所有这些信息都在向世界各国展示着月球两极在能源和物资上的机遇。

月球上的物料和能量是可用的，这就满足了人类的两项需求，它们对于人类延长太空生活时间来说是不可或缺的：由氢和氧两种元素组成的水是维持人类生命的必需品，而液氢、液氧是化学上已知的最为强大的火箭推进剂。在月球两极那富含水分的低温盆地旁边不远处，人类就可以获得持续的太阳能。“阿波罗”计划带回的一些结果让我们误以为月球上尽是贫瘠、无用的荒野，这幅图景现在已经变了，变得更有用、更丰富、更动人了。如今人们眼中的月球，已不仅仅只是一个单纯的太空目的地，它已经能作为太空航行物资的重要补给仓库了。目前人们对月球的理解，与那些眺望月亮的先民们相比，已经有天壤之别。先民们把月亮用作制定历法、推算季节的依据，而现代人已经了解到月亮是一颗有着自己秉性的星球，也是悬在我们夜空中的一个可以去登陆和取用的太阳系旅行物资供应站。

人类在月球上的前途

月球为什么会成为人类的前进目标？因为它可以成为人类通往太空的门径，提供一些可以被开采的物料和能量。只要用好月球两极地区的阳光和固态水，人类就可以在月球上长期生活，并长期往返于月球和地球之间。水能成为可重复使用的、永久性的太空运输系统的动力来源，帮人类造访月球表面，以及地球和月球之间的任何位置。地球和月球之间的空间被称为“地月空间”，人类制造的95%的航天器处于这个空间的范围内。只要能将人和机器大量运送到地月空间，人类就能建造出更大规模的太空活动系统，其威力和潜能也会远远超出目前的想象。这样的系统将帮助人类飞出地月空间，飞向各大行星所在之处。人们可以通过开发月球来学习如何在其他星球上高效率、有成就地生活。想实现这一目标，就需要学会如何建造庇护所以躲开来自太空深处的致命辐射和热量，需要掌握就地取材来获得所需物资（包括维持生命所需的消耗品）的技术，需要有能力把外星资源很好地当成建筑材料，建造基础设施。一旦在月球上站稳了脚跟，人们就可以利用这些新技能去探访其他离地球比较近的星球，同时在地月空间里建立起类似于欧亚铁路那样的常规长途运输线路，在地球之外设立长期的太空探险前沿阵地。在月球上，人们将学会如何恰当地让人和机器相互配合，去探索其他行星，让人和机器都能承担各自擅长的任务。最后，人们还将揭示和破解那些隐藏在月球岩石中的、关于行星演化和太阳系演化的历史记录。“阿波罗”计划揭开的一些秘密，已经给地球科学带来了革命性的进步；新时代的探索，将会揭开更多令人震惊的秘密，并继续刷新人们对自己所处的这个世界和这个宇宙所持有的观念。

月球既有趣，又有用，而且离地球还特别近。月球和地球的“亲密”，使得人类可以随时发射航天器去接近它。如果是探索其他行星，适合发射的“时间窗口”就比较短暂且稀少了。月球的近便，也让人类可以遥控机器人在月面上完成大多数的前期工作，就像它们在地球上一样。这样一来，当登陆月球的第一批航天员到达时，就可以直接“取钥匙”，享用已经由遥控机器人建好的一座功能齐全的前哨站。人类对月球的兴趣，也源于它作为一颗小星球那复杂而有趣的演化过程。利用月球特有的环境，人类可以在科学和工程方面进行别具一格的专门实验，这在太阳系其他地方是不可复制的。由此，人们将能解答很多关于月球复杂性的疑问，并且对养育我们的地球拥有更深入、更全面的理解。而月球可以提供的物料和能源又彰显了它的实用性，它可以让人类积累在外星球上建立定居点的经验，并成功地迈出这条征途的第一步。

第二章

辉煌在昨日，先胜后寂然

在人类真正踏上月球之前，登月的愿望已在人类的梦中盘桓千年，不过科幻作家们没猜对人类实际登月时的境况，他们在作品中把登上月球写成人类向太空进发的一个起点——而不是终点。人类在月球上迈出的第一步，究竟是一个终结，还是一个姗姗来迟的太空飞行黄金时代的序幕，至今仍有待观察。

幻想中和实际的月球之旅

人类有朝一日去月亮上逛逛的想法由来已久，也许从穴居的祖先开始就有过这种想法。最早在字面上描述去月球、太阳乃至其他天体旅行的作家，大概要数琉善。行星运动定律的发现者开普勒写过一本小说《梦》(*Somnium*)，该书在他死后才于 1634 年由他的儿子付梓。在这部小说里，开普勒描述了一次假想的月球之旅，也描绘了地球和太阳系轨道平面的景观。英国的一位神职人员约翰·威尔金斯写过几本关于月球旅行的书，其中最有名的是 1638 年的《月球世界发现记》(*The Discovery of a World in the Moone*)，他在这本书中列出了未来人类在月球上居住时可能用到的一些创意。当然，其中的某些创意如今看来显得过于诡异，根本不可行，比如请天使来运送东西，或给禽鸟套上挽具等。

到了工业时代，那些名声赫赫的科幻作家写出了一批看上去合理得多的登月方案，当然这些方案仍然有很浓的空想味道。儒勒·凡尔纳在 1865 年推出的《从地球到月球》(*Earth to the Moon*)中描写了一尊名叫“哥伦比亚号”的大炮，将 3 位坐在炮弹里的旅行者打了出去，炮弹速度达到了地球的逃逸速度，因此帮助旅行者登上了月球。但是，凡尔纳没有考虑到，这种炮弹的巨大加速度其实会产生不可承受的超重效果，足以让他笔下的旅行者全数丧命；另外，他对失重的概念也有误解，以为地球和月球之间有一个“引力球面”，炮弹上的人只会在穿过这个球面时体验到失重感。太空航行学的创始人、最早推导出火箭方程的科学家——齐奥尔科夫斯基深受凡尔纳小说的启发，而且他也在 1893 年写了自己的小说《月球之上》（*On the Moon*），这部小说里的人物是在月球上醒来的，由此获得了非比寻常的外星世界体验。奇怪的是，齐奥尔科夫斯基虽然在火箭科学上颇有贡献，但他并没在小说里写出这些人究竟是怎么从地球上飞过去的。另一位科幻作家威尔斯的构思更加奇幻，他设想了一种可以切断重力的奇怪物质“反重力物质”（Cavorite）——这个词也被用来指他于 1901 年出版的小说《登月第一人》（*First Men in the Moon*）中的人物“疯狂博士”。这种物质可以切断重力，从而让人乘坐球形飞船轻松地飞往月球。他笔下的旅行者到达月球之后，在月球表面之下发现了许多硕大的、外形像虫子一样的生物。

从第二次世界大战开始飞速发展的现代火箭技术，把月球之旅从虚构和幻想的王国带进了科学的主要阵地。月球从由“一小撮怪人”开启的“事端”，被拉回了科学探索的主题之列。当时，芝加哥大学有一位天文学专业的学生拉尔夫·鲍德文，他有一次在阿德勒天文馆的大厅里看到了一批通过望远镜拍摄的月球照片，感到十分震撼，由此开始深入思考关于月球的环形山、盆地及月球表面演化的动力问题。鲍德文开始写相关方面的论文，不过刚写了两篇就被征召入伍参加战争。在部队里，他协助军队改进了“近炸引信”[3]。战争结束后，他把自己关于月球的学术想法集结成书于 1949 年出版，这就是《月球的脸庞》（*The Face of the Moon*）。这本书相当完整、准确地综述了太空时代来临之前的月球演化知识和月球历史知识，包括：陨石的撞击导致环形山和盆地形成的过程，深暗、平滑的月海是由火山熔岩流布而成的（鲍德文还准确地指出这些岩石属于玄武岩），月球的年龄与地球相当，等等。鲍德文从此终生研究月球，也在有生之年看到了自己的推测被“阿波罗”系列任务的月球探险所证实。

在鲍德文出版《月球的脸庞》后不久，著名的科幻作家阿瑟·克拉克在 1951 年出版了《太空探险》（*Exploration of Space*），并且在书中给探索其他星球的旅途设计了一个“高配置版”，包括飞船先进入绕地球飞行的轨道，再飞向月球，以及往其他行星上送人等。有趣的是，他针对载人登月和让人在月球上长期生活这类的话题给出了一些严谨而富有远见的观点。克拉克认为，月球是飞往其他行星的道路中无法绕开的关键一站，因为月球可供人们学习在

[3] 译者注：这是一种用于爆炸类武器上的、只在接近目标时才会触发炸药的技术。

外星世界开拓和生存时所需的技术。他特别强调，使用月球上的矿物来支持人类存活并制造新工具是重中之重。他指出，在人们经营外星事业的过程中，应该集中精力建设一个地点，让这个地点尽量多地汇聚资源，以便增强后续行动能力——人们至少要在该事业的初期遵循这一点。由此，他主张先建造唯一的中心基地，而不是让各项任务分头行动、“多点开花”。毕竟，只要先有了一个完善、可定居的基地，继续探索月球的其他地方就会轻而易举。

据记载，诺贝尔化学奖得主哈罗德·尤里偶然在一次聚会上见到了《月球的脸庞》这本书，读后深深被其吸引。鲍德文对月球地貌及其陨击起源的描述让尤里相信，这个古老而原始的月球携带着太阳系起源的秘密。尤里接过了接力棒，开始致力于用物理和化学的基本原理去研究月球、行星的起源与演化。另外，天文学家杰拉德·柯伊伯也持有一个在专业天文圈子里相对“另类”的观点——月球和行星在天文观测与研究中应该是特别重要的目标。为了进一步测绘和分析这些目标，他于 1960 年在位于图森市的亚利桑那大学创建了“月球和行星实验室”，积攒了历史上最出色的月球影像。曾在 20 世纪 50 年代为美国地质勘探局绘制出北亚利桑那地区铀矿分布图的地质学家吉恩·休梅克也决心重新考察“浣熊丘”附近的地质状况。在这之前，吉尔伯特的调查认为“浣熊丘”的地貌并不是陨石撞击产生的；休梅克则运用了环形山地质学的知识，分析了超高速撞击的机制，并且发现这里的二氧化硅拥有一些只可能在超大压力下形成的晶格。由此，休梅克断定“浣熊丘”是不折不扣的环形山，这处景观也因此大获声名。

休梅克并未满足于建立环形山的陨击形成机制。1960年，他又绘制出历史上第一幅月球表面的地质图，该图显示了月球历史上重大地质事件的发生顺序。简单来说，他运用地质学技术根据地层的交叠和覆盖关系来给一些侧向连续的岩石单元归类，包括大片的环形山碎块，以及熔岩流的痕迹。这样的特征可以直接根据光学照片和肉眼观测来识别。休梅克标绘了月球正面“哥白尼”环形山附近的区域，确立了月球地层学的基本框架（地层学是研究各岩层顺序的学科）。随后，他使用这些信息去推测月球和地球的地质事件之间的相关性，据此指出月球的岩层保留着古代地球表面情况的一部分信息——这些信息在地球上已经由于地表侵蚀和过于频繁的地质活动而消失了。

这些科学家以各自的方式进行的分析，让关于月球的研究沿着科学的道路稳步前进。1957 年 10 月，历史上第一颗人造地球卫星“斯普特尼克1号”发射，由此也让发射飞往月球的航天器成了题中应有之义。很快，不论是通过望远镜观测月球表面，对地球上的环形山进行测绘，还是对陨击痕迹中的岩石样本和陨石进行综合研究，都成了月球科学的前沿课题。这些课题能帮助人们有效地了解月球，洞悉其历史的概念体系也开始形成，尽管这是个渐进的过程，但成效显著。有的人开始期待自己能活到见证人类登上月球的那一刻，而休梅克更是试图让自己成为登月队伍的一员。后来，他的这个梦想在一定程度上算是实现了，不过是以谁也没有预料到的方式实现的。（答案见第四章）

“阿波罗”计划

《科利尔》（*Collier's*）杂志曾在20世纪50年代刊登了火箭科学家沃纳·冯布劳恩的一系列文章，文中提出了一套让人类登上月球和火星的计划。这些文章伴随着太空题材画家切斯利·博内斯蒂尔创作的彩色插画，激起了公众的想象力。受此鼓动的人包括沃尔特·迪士尼，他把冯布劳恩的创意做成了系列节目，通过他的电视栏目《迪士尼世界》（*Disneyland*）进行了传播。这个系列分为4集，向观众介绍了冯布劳恩的规划框架：进入绕地球轨道的火箭、空间站、登月的“货轮”，以及飞向火星的载人飞船。这个“4 步走”的框架兼具理论意义和实践价值，其中的每一步都是下一步的基础和起点。不过，冯布劳恩框架中提出的某些技术细节还没来得及实现就过时了，比如他构思的太空飞船的电力来源是：利用太阳的热能让金属汞不断地交替蒸发和冷凝，以驱动涡轮机供电。这个思路现在已经被淘汰了，因为已经有了光伏技术，可以直接使用太阳能电池板。不过，他的大部分思考启迪并直接促成了一套耐用的长期太空旅行解决方案。

然而，国际形势的变化令冯布劳恩的这个框架没能一步步实施下去。“阿波罗”计划的诞生，把美国抛进了与苏联的激烈竞争之中，“击败对手”成了压倒一切的目标。肯尼迪总统承诺 10 年之内登月，这个时间限制迫使过去的稳扎稳打变成了狂飙突进。如果尊重技术发展的规律，那么每个部分都应该根据其现有水平慢慢设计、制造、试验和修改，但是由于与苏联争先的、紧锣密鼓的日程，各项工作不得不加速进行。这导致冯布劳恩和新成立的 NASA 的工作人员必须优先思考载人登月方面的问题，比如：是否真的还有必要先建一个空间站？是否有可能建造一个足够大的运载工具，把整支太空探险队一举送上月球？

第二章 辉煌在昨日，先胜后寂然

虽然重型运载火箭的制造已经在准备中，并且已经为了将人类送往月球而进行前期研究了，但“10 年登月”的口号还是让 NASA 的不少人员紧张兮兮。让人类乘坐太空飞船前往月球，听着已经像是“白日梦”了；而NASA同时还要面对另外一个“白日梦”，那就是美国总统肯尼迪的宣言中包含的另一份许诺——登月者要平安地回到地球。当载人登月成为既定目标时，美国人全部的载人航天经验也仅是艾伦·谢泼德的那次“炮弹发射式”的太空之旅。但谢泼德到达的仅是亚轨道空间，停留时间也只有一刻钟。而月球之旅则需要各种复杂的航天技巧来支撑，其中包括足够精确的导航技术和不可缺少的飞船变轨技巧。

在载人登月飞船的设计过程（或说“发明”过程）中，研究人员围绕其“模式选择”发生了激烈的争论。有人想让飞船直奔月球；有人想发射两艘飞船，让它们在绕地球飞行的轨道上对接后再飞向月球。这两种模式都需要“超级”运载火箭。这种新研制的火箭必须能将 180 吨重的物资送上绕地球飞行的轨道。兰利研究中心（位于美国弗吉尼亚州的汉普顿）的工程师约翰·霍博尔特提出了一种改进的想法：让飞船在绕月球飞行的轨道上交会对接。这种模式会让一个小型飞行器载人登月，返回时则与留在绕月轨道上飞行的“阿波罗”主飞船对接。大家认为这个方案的风险很大，毕竟当时人们还从来没完成过宇宙中的飞船对接，更何况是让两艘绕月飞行的飞船完成对接。不过，该方案的优点是可以只用一枚重型运载火箭就让登月的全部人员和物资升空。与之配套的火箭设计成果就是“土星 5 号”，其向地球低轨道运送物资的能力为 127 吨。

配合“阿波罗”飞船确立的主要设计目标，美国的航天计划实施了一连串前期飞行任务，为人类登月做准备，其中既有载人的，也有无人的。载人的前期任务主要是演练特定的技术，比如飞船的在轨会合和对接；无人的前期任务主要负责收集月球表面环境和地貌的信息，以便为登月者挑选合适、安全的降落地点。在整个准备阶段，美国共进行单人升空的“水星”任务 6 次、双人升空的“双子座”任务 10 次、3 人升空的“阿波罗”彩排演练任务 4 次。另外，还有 13 次成功的机器人先行赴月任务，其中 3 次在月球上硬着陆，5 次在月球上软着陆，5 次是绕月飞行。所有这些飞行都发生在肯尼迪宣布要载人登月和“阿波罗 11 号”任务成功之间的 8 年里。其间，肯尼迪于 1963 年 11 月 22 日遇刺，“阿波罗 1 号”在 1967 年 1 月 27 日意外燃起大火并吞噬了 3 名航天员——弗吉尔·格里索姆、埃德·怀特和罗杰·查菲。

在 3 名航天员殉职的悲剧发生之后，“阿波罗”飞船做了全面改进。接着，绕地球飞行的“阿波罗 7 号”带着全新设计的“指令-服务舱”取得了 11 天飞行任务的圆满成功，此时是 1968 年 10 月。这次成功让原计划准备发射的“阿波罗 8 号”显得有些多余，甚至有被取消的可能。但是，如果真取消了，那就是鲁莽的决定。毕竟，让一艘没有任何逃生装置的太空飞船带着登月舱（Lunar Module，LM）送人登月是可能以大惨剧收场的。这种惨剧在几年之后的“阿波罗 13 号”任务中险些发生。“阿波罗 8 号”最终发射，现在看来是与当时民众持有的一个观点相关：那时候，据说美国中央情报局得到消息，苏联正准备在 1968 年底实现载人绕月飞行。那时，苏联刚刚用“探测器 8 号”（Zond 8）完成了地月空间的飞行，这表明苏联的载人绕月任务已经万事俱备。据信，苏联一旦完成载人绕月，就有资格宣布获得“月球竞赛”的胜利，那时，是否有人真正登上月球表面已经不再关乎大局。这一动向使得美国人要以争分夺秒的节奏进行一次紧急的月球载人飞行，即便不登月，只绕月也是可以的。于是，在 1968 年的圣诞节之前，“阿波罗 8 号”带着航天员弗兰克·博尔曼、吉姆·洛弗尔和比尔·安德斯飞向了月球。

接下来的两次“阿波罗”任务分别验证了登月舱在绕

地飞行和绕月飞行上的可用性。“阿波罗 11 号”在 1969 年 7 月 20 日将两名航天员送到了月球表面。当时，该飞船的登月舱“鹰号”（Eagle）上的计算机将船体导向散布着石块的月球环形山，几次令观者紧张得心脏快要停跳。好在航天员阿姆斯特朗和奥尔德林成功地接管了自动控制系统，平安降落。起初，大家还为月球表面可能潜藏的危险而担心，不过这两人着陆后立刻在月面上顺利地开展了持续两个半小时的考察，于是所有的担心都烟消云散了。他们收集了岩石和土壤样本，布置好了科学实验设备，还检验了月球表面的坚实程度，确认了其足以支持“鹰号”带着“战利品”重新起飞。全世界都见证了他们在重力只有地球重力六分之一的月球上是如何活动的。阿姆斯特朗甚至未经请示就横越了一座岩质的环形山——飞船刚刚接近月球的时候就曾从这座环形山上空飞过，他注意到了这座环形山腹地里的岩床。在 22 小时之后，这两位登月者起飞离开月面，与留在绕月轨道上的柯林斯驾驶的指令舱（Command Module，CM）成功对接。这 3 个人过了几天就安全返回了地球。

所以接下来的问题就是：剩下的“土星 5 号”火箭和“阿波罗”飞船硬件应该用来干点什么？这些多出来的设备，当初都是预备在第一次登月挑战失利的情况下使用的。“阿波罗”的工程师们起初策划的登月任务次数要多于后来实施的次数，其终极目标是载人飞往火星。虽然“阿波罗”计划后来又进行了几次载人登月，但在月球上建立基地的事情始终未在计划之列，更别说去火星了。这样，航天事业的目标就被限制在完成“阿波罗”计划上，后来又退回到开发一种可以重复使用的、向绕地轨道运送人员和物资的飞行工具上。后者最终体现为航天飞机的设计、制造和运行。

NASA 为“阿波罗”飞船原本计划内的几次后续载人登月任务争取到了资金，科学家为这几次任务选择了几个有趣的登陆地点，这些任务的实施大都为探索月球提供了新的方法和经验。虽然任务在进行过程中依然有一些显著的问题，但飞船的飞行水平和航天员在月面上的行动水平都在稳步提升。“阿波罗 12 号”在升空时遭闪电击中两次，但这无碍它于 1969 年 11 月成功降落月球。并且这次任务启用了精准着陆技术：飞船的登月舱“无畏号”（Intrepid）降落地点离先前“勘测者 3 号”无人探测器的着陆点还不到 100 米。精准着陆技术的成功，让后续的飞船可以安全地降落在那些科研价值更高（同时人工驾驶风险也更大）的地点。“阿波罗 13 号”遇到了险情，其服务舱（Service Module，SM）内的一个氧气罐爆炸，差一点导致全体航天员遇难，最后放弃了登月行动，环绕月球后返回地球。“阿波罗 14 号”的登月小组则于 1971 年年初降落在月球的弗拉·莫罗（Fra Mauro）高地上。这个地带属于月球上最大、最年轻的盆地——雨海，航天员有望在这里得到新的收获。他们从这里带回了被称为“角砾岩”（Breccia）的、分属于多个地质时期的岩石碎片，这种代表着月球史开端的岩石在此处出现也相当令人费解。

在“阿波罗”的最后 3 次飞行，即 15 号、16 号和 17 号中，登月航天员在月面上活动的时间更长，进行科学研究的能力也更强了。在前 3 次登月飞行时，航天员并没有在月面上使用的交通工具，所以只能在离登月舱几百米的范围内活动，且最多活动四五个小时就得回飞船里一次。而在后面的 3 次登月任务中，不仅飞船的能力有了提升，也投入使用了月球车。这种由电力驱动的月球车可以折叠，并捆绑在登月舱的外部，到达月面之后就可以解下来并展开成形。航天员可以驾驶着月球车到达离着陆地点数千米远的地方。此外，重新设计的宇航服也可以让登月者出舱活动的时限延长到 8 小时。所以说，后几次“阿波罗”任务的科学考察成果数量颇多、质量上乘。月面旅行总距离、太空飞行总里程、月面采集样本的数量、进行实验的数量和实验数据的收集量，这些都随着每次任务的开展而不断增加。这 3 次任务按“阿波罗”的规划属于“J 类任务”[4]，它们的顺利完成，让整个“阿波罗”计划在人类的探险史上写下了精彩的一章。

作为人类第 4 次成功登月的见证，“阿波罗 15 号”的降落地点是雨海盆地的边缘，位于巨大的月面山脉“亚平宁”（Apenninus）的根部（见图 2.1）。该次飞行实施于 1971 年 7 月 26 日至 8 月 7 日，航天员戴夫·斯科特和吉姆·欧文用 3 天时间考察了月球上的这条山脉和周围的月海平原区。飞船的着陆点离哈德利月溪（Rima Hadley）不远，这条曲折蜿蜒的峡谷据信是由流动的岩浆在月面上蚀刻出来的。该飞船的航天员都有很好的科学素养，特别是在地质学方面，因此他们的这次登月也展现了月球科学考察日益纯熟的新风采。他们发现了一块月球早期外壳的碎片，并将其带回地球，该样本后来得到“创世之岩”（Genesis Rock）的雅号，那是一块非同寻常的、翠绿色的玻璃，由 30 亿年前爆发的月球火山创造而成。他们还在着陆地点用电钻取得了 3 米深的月面风化层样本。

[4] 译者注：其主要目标是拓展登月设备及工具的能力。

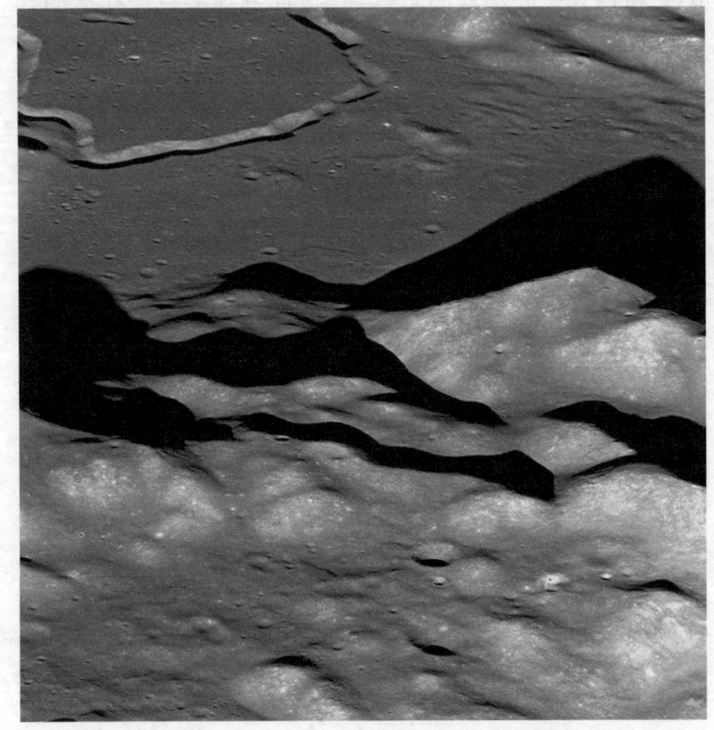

图 2.1　月面上的“亚平宁—哈德利”地区，斜向视角。1971 年，“阿波罗 15 号”在该区域降落，着陆点在该图的左上部。图的上端那个曲折的沟渠状物是哈德利月溪，它是熔岩流动烧蚀出来的。

1972 年 4 月发射的“阿波罗 16 号”继承了这种探索模式，访问的是月面中部的高原。资深航天员约翰 · 扬（见图 2.2）和新手航天员查利 · 杜克一起在多山的“笛卡儿”（Descartes）高地一带考察了两座巨大的环形山。这个地带位于“酒海”（Mare Nectaris）的西北部。此前，人们认为在这个高地可以找到火山喷发物的流动痕迹，但航天员发现该地区是由古远的岩石碎屑组成的。这些岩石

图 2.2　约翰·扬作为此次飞行的指令长，探索了飞船降落地点——“笛卡儿”环形山的地质情况。要想进一步摸清月球的演化历史，“阿波罗”系列任务带回来的标本是最为基础的研究资源。

在长久以来经过了许多次陨石重击之后，才变得如此破碎、分散。航天员虽然没有找到预期的火成岩，但这次经历也帮人们更好地理解了陨石对月球上高地的形成有多么重要。在“笛卡儿”环形山发现的角砾岩，有可能来自月球上最大的多重陨击盆地之一，比如像月球正面西缘的“东方海”（Mare Orientale）这样的壮观盆地。

最后一次发射的“阿波罗 17 号”，是“阿波罗”计划系列任务中唯一在夜晚升空的飞船，当时它把佛罗里达州发射基地照耀得如同黎明。这次任务也因首次搭载了一位专业的科学家而知名，那就是担任登月舱驾驶员的地质学家哈里森·杰克·施米特。他和吉恩·塞尔南用了 3 天时间勘查了位于澄海（Mare Serenitatis）东缘的陶拉斯-利特罗（Taurus-Littrow）月谷，该月谷位于两道巨大的盆地山峦中间，海拔很低，有着平缓的月海熔岩地形。他们在那里发现了远古的月壳岩石、凝固的火山熔岩，但最让人叹为观止的还是橙色的土壤（这种混杂着橙色和黑色的细小颗粒是在距今至少 35 亿年的时候，从月球火山喷发的岩浆中迸溅出来的）。“阿波罗 17 号”用它的着陆点那壮丽的月球风景和丰厚的科学回报，给这一系列的登月行动书写了一个强有力的收尾。在 NASA 设于休斯敦的约翰逊太空中心（Johnson Space Center）的保险仓库中，保存着总共 380 千克的月球岩石和土壤样本，它们是“阿波罗”计划永远的科学遗产，也是其成就卓然的坚实证据。

“阿波罗”计划之后

然而，随着“阿波罗”计划的结束，一切都安静下来了。1972 年 12 月 14 日，“阿波罗”计划的最后一位登月航天员离开月球，之后在很长一段时间里，没有谁知道人类何时能重返月球，甚至不知道人类还会不会再登蟾宫。时隔 40 年后，担任“阿波罗 17 号”指令长的塞尔南感叹：人类自他之后就再未登上月球，这种事让他感到难以置信。人类暂别月球的时间会这样延续下去，超过 50 年吗？

“阿波罗”系列科学探索活动取得的科学成就彪炳史册。它提供的月球物质标本库，帮助科研人员写出了很多科学文献，其数量远超其他任何标本库帮科研人员写出的科学文献数量。部分月球标本甚至被切割到了原子级别，供更多的人使用。月球陨石的价值是无法取代这些月球物质标本的，因为我们清楚地知道这些外星世界的小碎片来自月球的哪个位置，由此可以将其放在更宏观的科学场景中去阐释，了解其对月球表面特定区域的意义，乃至在整个月球发展史中的意义。月球陨石则不含这么详细的信息。通过阅读月球标本提供的历史记录，我们重现了一颗星球地质演进的脚步，看到了它怎样从一个熔融状的圆球变成了一个拥有固态壳层和幔部的世界。这个过程是在一阵疾风暴雨般的轰击之后开启的——大规模的陨石击打，造就了大片彼此交叠的环形山，以及月面高地上的盆地。而月球深处的物质发生了重熔，变成了岩浆，随后被挤出月幔和月壳，成为喷溅的熔岩流。在某些情况下，溶解在液态岩石中的挥发性物质太多，足以裹挟着熔岩喷射到月壳外面，然后迅速冷却为无数细微的玻璃质小珠，显现为月球表面散布着的深色尘埃。

在月球诞生初期，陨石轰击事件极为频密，但这种轰击在距今大约 39 亿年时就出现了锐减的趋势，从那时候到现在一直停留在很低的活动水平上。目前，撞击月面的物质碎片绝大多数为“微陨石”，它们均匀而持续地“光临”着月球。这个陨击过程长久以来把月面逐渐研磨成了细粉。当微小粒子般的流星体撞上先前生成的土壤时，部分土壤颗粒会被熔化，变成玻璃和矿物碎片的混合体，这种生成物叫作“黏合集块岩”（Agglutinate）。由于月球自身没有磁场且直接暴露于宇宙空间之中，很多“太阳风”会吹到月亮的表面。所谓“太阳风”，就是太阳发射出的很多物质粒子，以及在星系之间穿过的宇宙线，其中大部分是质子，这些射线对月球表面的尘埃颗粒造成了破坏。尽管不能说月球的地质活动如今已经停止，但月球的表面侵蚀过程确实已经非常缓慢，大约每 2000 万年才被侵蚀 1 厘米。

现在，通过研究月球物质的标本，我们可以从物理作用和化学作用两方面来理解超高速陨击的现实证据。在化学方面，已经能够侦测到月壤中的陨石碎屑的少量增加（增加水平处在几个百分点的量级上）——表现为嗜铁元素（比如镍、铱等）的超量出现。在物理方面，我们不仅能找到前面提及的那种因冲撞震动而产生的、玻璃质地的"黏合集块岩"，还可以看到陨击对月球岩石中的矿物颗粒的破坏情况。常见的矿物斜长石（Plagioclase）在遭到陨石的冲撞之后通常会转变为陨玻长石（Maskelynite），这个转变过程不会发生熔化。还有一些特征也可以用于判定物质标本经受过陨石导致的冲击波，比如裂缝、嵌合体（Mosaicism，指许多颗粒按照某些特定的几何模式排列着）、面状变形纹路。上述这些物理或化学特征，在地球上的陨击环形山内部和周围全部都有发现。它们在月球物质标本中的现身，也证实了月球上的环形山是因陨击而生的。

在"阿波罗"任务结束后的短短几年里，对月球物质标本的研究就产生了一项既有分量又有意思的成果。地质学家沃尔特·阿尔瓦雷斯研究意大利的海洋中的沉积岩，试图弄清它们的沉积速率。他的父亲路易斯以物理学家的身份建议他测量这些岩石里的铱元素富集情况。在地壳中，铱算是一种稀有元素，但它在陨石中的含量相对要高得多。路易斯的思路是，流星体的碎屑每年都以已知的大致恒定的数量持续地降落到地球上，因此可以作为一种“时钟”，向我们表明海床上的碳酸盐沉积的速率。

沃尔特在测量铱的含量时惊讶地发现，在代表着白垩纪末期的黏土层中，铱含量明显偏高。白垩纪地层和第三纪地层的分界处是一层薄薄的但遍布全球的黏土，那是与恐龙化石同现的地层之中最接近的。这个发现进一步巩固了关于 6500 万年前一颗巨大陨石撞击了地球的猜想，该猜想认为这次撞击不但导致了恐龙的灭绝，也是其他一些目前仅存化石的物种消失的原因。后来，在这个黏土层内又发现了小粒的、因受冲击而变形的石英，这更是当时地球遇到重磅陨击的有力证据。再后来，人们又陆续发现一些类似的案例，地质考察记录中提到的某些对应着大规模物种灭绝的地层，都包含着指向陨石撞击事件的证据。

这种相关性结论，建立在识别超高速撞击的关键性、标志性证据的基础上。而这种识别能力就来自对“阿波罗”

系列任务收集的月球物质标本的研究。在“阿波罗”系列任务刚结束的那个时期，经常听到一种论调，即探索月球的努力在科学上是徒劳的。虽然人类得到了一批月球岩石，也弄清了月球历史上几起事件的发生时间，但还是会有人说：“那又如何？”如今人们大多已经认识到，这些“那又如何”的东西能帮人类搞懂陨石撞击事件在地球历史上的重大作用，并带来了革命性的科学观念转变。现在，人类看待地球上的生命演化进程的视角已经是全新的，而且是此前万万想不到的。正是因为去月球做了考察，才获得了关于生命形态变迁的一种新观念。

而且，人类目前所掌握的关于太阳系起源及演化的知识，绝大多数也与通过研究月球而获知的事实密不可分。“阿波罗”科学工作的结果，对作为一个整体的行星科学也有全面的影响。依赖于“阿波罗”提供的物质标本，人们才建立了“后期密集陨击”（Late Heavy Bombardment）的概念（指在距今 40 亿年前到 38 亿年前之间月球所受的陨击明显更多），才估算出了火星、水星和其他一些天体在历史上遭遇重大事件的时间，才有了许多其他的成就。另外，研究者在申请使用月球物质时，必须证实自己会用尽可能少的标本去完成研究。这种苛刻的条件迫使科学家们去开发一些专业技术，以用于分析极少量的物质标本。

这些技术后来被移植到了物证分析领域，现在已应用于痕迹司法鉴定。不仅如此，由于一些月球样本（比如来自月面高地的陨击角砾岩）的构成十分复杂，人们还开发了一种利用 X 射线的层析成像能力去探查这类复合岩石的内部结构的技术，这种探查法与今天医院里给人做的"磁共振成像"很相似。

截至目前，"阿波罗"任务的设计思想依然驻留在很多太空领域决策人员的头脑中：把单次太空任务所需的全部人与物，用一到两次的发射运送上天，沿途再抛弃一些可以放弃掉的硬件。但它并不见得适用于建立可长期运转的、可永久使用的太空旅行设施。太空飞行的物理学家已经证明了一个事实：把火箭从地面推送到地球低轨道上需要耗费绝大多数的燃料，而火箭从地球低轨道飞向更远的地方所需的燃料则很少，甚至不需要。"阿波罗"任务通过强大的推力，挑战了"火箭方程的统治"，装满燃料的"土星 5 号–B"发射系统可以将大约 55 吨的载荷推送到绕月轨道上。要想飞得更远，或者想获得更强的运输能力，就得制造更为庞大的运载火箭，或者多次发射重型运载火箭，又或者开发一种能停留在太空中的推进剂仓库。只要算一算就会失望地发现，快速攀升的成本会把可用的发射次数减少得令人难以接受，更不要提在太空中组装一艘能穿梭于行星之间的飞船这种复杂工程需要发射多少东西了。然而，这样昂贵、烦琐、不切实际的路径，正是当前NASA策划载人火星飞行时用作参考的样本。

在“阿波罗”任务结束30年后，让航天员去比地球低轨道更远的地方执行任务，面临着巨大的补给成本，其支出水平之高，导致大部分载人航天计划难以付诸实践。因此其他的思路开始出现了，例如利用太空里的原有物资，在所到之处就地取材制成新工具。另外，人们也在寻找一种比上述想法更为循序渐进的路径，以便促进太空飞行的廉价化、飞船的小型化和可重复使用化。在某种程度上说，航天飞机就是在这些考虑之下被开发出来的。当然航天飞机任务的目标有很多，上述目标只是其中一部分，不过我们可以说，航天飞机在这个部分并没有完全地实现它的目标。尽管如此，使用更小型的、非一次性的工具去逐步完成特定任务的思路，仍在很多角度上保持着它的吸引力。

“阿波罗”计划的经济成本到底值得不值得，各方到现在也还有不同的意见。它总共花掉了1965年物价水平上的250亿美元，这笔钱的购买力放在2014年等于2000亿美元巨款。但也必须看到，这笔钱里包括了从头开始建造巨大的物质基础设施的费用，比如NASA工作第一线的各个航天中心的建设费、登月任务的所有测试设备的制造费，以及各个阶段实际所需的设备的费用。在当时的热情之下，美国的投入其实回报颇丰。

人类经过 50 年的太空飞行，已经认识到很多太空任务仅靠机器人的能力是无法完成的，因此真人不能总是缺席太空中的活动。必须有人亲自去与太空环境进行实时的物理互动，并做出智力反应，才能真正完成好诸如科学实地勘探、复杂仪器的维护与修理等任务。需要开发一套系统，它最终能把人员和机器送到任何想送去的地方。诚然，这个理想听起来有点大而无当，但已经有迹象表明，建设这样的一个太空系统并非不可能。

那么，应该怎样去做？答案就在我们的“隔壁”。

第三章

低飞成常例，众声唤步蟾

对美国的月球探索事业来说，“阿波罗”系列任务结束之后的 20 年都属于荒芜年代。从 1972 年到 1994 年，几乎没有由美国主持的月球任务，只有几次任务让探测器在飞往其他目标的途中飞掠月球，进行“顺路”的观察。然而，对“阿波罗”系列任务给我们的标本和数据的研究并未停息，其中偶尔会有一些令人兴奋的时刻，比如跨国合作的探测任务带回了新的月球数据的时候，又如美国的其他航天器偶然从月球旁边飞过并取得一些新数据的时候。这些年里，我们在了解月球根本性质的基础上取得了卓越的进展，并且在此基础上更加清楚了在月球上生活所需的条件。

在这段时期，载人太空飞行活动的重点聚集在地球低轨道上。航天飞机的发展，被称为一个能“让太空飞行变成寻常活动”的计划。许多人将这个“寻常”理解成了“廉价”，但航天飞机在做到了“寻常”的同时，并没有很好地实现“廉价”。虽然航天飞机计划如今被打上了“失策”的标签，但它其实还是提供了几项独树一帜的、富有价值的功能，其中有的功能是目前暂时无法再实现的，甚至是可以考虑用在目前或未来的任何载人航天器上的。

除了发展航天飞机，NASA 还用“阿波罗”探月任务的备份硬件建成了美国第一个围绕地球飞行的空间站“天空实验室”（Skylab）。该空间站的主体是“土星”火箭的第三级（S-IVB），其内部空间设计可供 3 名航天员最多连续生活 90 天，并从事科学实验。这个太空中的实验室在 1973 年 5 月 14 日被“土星 5 号”火箭送上轨道，但它很快就遇到了问题：它的隔热板在上升阶段被撕破了。更严重的问题是，它的一块太阳能电池板在发射过程中脱离了，另一块虽然跟着船体进入了轨道，但没能按计划展开，始终贴在船体侧面，不能产生电力。结果，当航天员们在几天之后进入空间站时，空间站内工作区域的电力已经极度短缺，而且热得要命。环境问题的严重恶劣，让航天员们提前结束这第一次的空间站载人任务，甚至让整个“天空实验室”面临报废的危机。

幸好，乘坐“天空实验室 2 号”而来的航天员们直接解决了这些问题。皮特·康拉德、保罗·韦茨和乔·克尔温架起了一个遮阳罩，让船体得以在阳光炙烤下保持凉爽。他们还通过太空行走，展开了那块先前没展开的太阳能电池板。这块太阳能电池板在部署到位后，立刻开始输出电力。这 3 个人在绕地球飞行的轨道上度过了 28 天，这个时长刷新了纪录。多亏了他们的英勇尝试，“天空实验室”在获得相应的维护之后得救了。在长期飞行期间，他们启动了空间站里的科学装置，进行了一系列药学方面的实验，还绘制了地球图像，并使用特制的望远镜观察了太阳。

后来，又有两组航天员造访了“天空实验室”，各自在那里度过了 2～3 个月的时光。最后一组航天员在离开这个空间站时，还特意把它收拾好，以备将来乘坐航天飞机到访的航天员能够使用——当时，航天飞机计划正在筹备。按当时制订的计划，1979 年或 1980 年，美国要用航天飞机向该空间站运送两批航天员，以便安装新的太阳能电池组，并改造实验室，使之能够供 6～7 名航天员同时工作。可是，这两次任务并未成功。航天飞机项目遇到了开发问题，其首次发射被推迟到了 1980 年之后。20 世纪

70 年代后期，正逢太阳活动强度增加，地球的大气层在当时的太阳影响下不但温度升高，而且范围也扩大了，这就给在轨运行的“天空实验室”施加了额外的空气阻力。在空气阻力影响下，“天空实验室”的轨道衰减速度远远超过预期，最终导致它于 1979 年 7 月 11 日失控坠向地球。尽管 NASA 试图调整其轨道，引导它坠入无人居住的大洋，但最后还是有很多较大的碎块在澳大利亚西南部的陆地上被发现。幸运的是，无人因此伤亡，碎块造成的财物损失也几乎为零。

“天空实验室”曾经被认为是一项长期尝试的序幕，我们曾经期待见到“阿波罗”计划留下的各种设备广泛活动于地月空间，执行各种任务，然而最终只看到这个计划虎头蛇尾，悄然收场。按照设想，这个被叫作“阿波罗应用”（Apollo Applications）的系列工程，本来要使用“土星”火箭的基本构件和“阿波罗”计划的指令舱、登月舱，建设一套空间站体系，让我们拥有在轨的服务性通勤工具、绕飞月球的太空天文台乃至月球前哨站。“阿波罗应用”工程面临的问题是，它离不开“阿波罗”探月计划和“土星”的生产线的持续运转，而这种运转又离不开源源不断的资金。如果让航天飞机开发和“阿波罗应用”双管齐下，当时美国的预算负担不起，所以二者必须“牺牲”

其一。随着“阿波罗”计划和“土星”的生产线双双停机，关于整个地月空间的任务计划也就全部停摆了。

航天飞机一开始是作为一整套新型航天设备中的第一件而设计的，设想中的这套设备是可重复使用的，而且是可以扩展的。新设计出来的航天飞机只能到达地球低轨道，但设计师们肯定不满足于它只能飞到那儿。航天飞机的学名其实是“航天运输系统”（Space Transportation System，STS），选用这个名字，就是为了表明飞向地球低轨道只是一个更宏大、更全面的系统迈出的第一步。这种系统应该包括一个永久性的空间站和一艘在轨的运载飞船，后者是一种太空中的“巨型货轮”，它可以把人造卫星和其他载荷运送到比地球低轨道更远的地方。但随着NASA忙于一大批地球低轨道飞行任务，又要启动建造新的空间站这样的重大任务，上述理念就逐渐被遗忘了。这个新的空间站是20世纪80年代NASA的首要目标，但它并不是刚才介绍的永久性空间站，而是在绕地球的轨道上用零件逐步组装出来的。航天飞机负责运送这些零件上天。

“阿波罗”计划结束后，随之悄然落幕的还有“阿波罗-联盟测试项目”（Apollo-Soyuz Test Project，ASTP），在该项目中，“阿波罗”计划的成员包括担任指令长的资深航天员汤姆·斯塔福德、文斯·布兰德和迪基·斯莱顿。其中，斯莱顿曾在1962年升空返回后因查出心脏杂音而停飞，这是他时隔13年又获得升空机会，但也是他最后一次升空。他们在太空中与苏联的“联盟号”飞船进行了对接，苏联的航天员有“太空行走第一人”阿列克谢·列奥诺夫和他的副手瓦列里·博季诺夫。双方对接时使用的共同停泊方法是美国提供的。美国和苏联的航天员握手并互致微笑，他们并肩飘浮在太空之中。会面的时间比原定的要长，双方共同展示出了良好的精神面貌、美好的祝愿，以及对未来进行太空合作的热切期待。

1975年7月24日，“阿波罗-联盟测试项目”的太空舱坠落。从这时起直到航天飞机这种全新的工具开始运作，美国在几年的时间里都无法把人送上太空。航天飞机是一种复杂而精致的运载工具，它必须能经受住发射时山崩地裂般的震动，以及返回地球时高达25倍音速的恐怖速度，同时总质量还不能太大，以确保其所有系统正常工作。航天飞机外壁上粘贴了轻质的二氧化硅隔热砖，它们有足够强的热阻能力，可以在航天飞机返回时的“再入大气层”阶段保护机身。但是，在航天飞机30年的服役过程中，正是这些隔热砖不断制造麻烦。这些隔热砖本身都比较脆弱（掉落的时候易碎），而且始终有从机身上脱落的倾向（寻找能把它们粘结实的黏合剂也花了一番工夫）。

航天飞机在 1981 年 4 月首次前往绕地轨道执行任务之前，进行过几次“滑行降落试验”，也就是让一架波音 747 飞机驮着航天飞机上天，然后释放它，让它自行滑降落地。随后，航天员约翰·扬和鲍勃·克里平驾驶着“哥伦比亚号”（Columbia）完成了航天飞机的第一次真正太空之行，并平安返回地面。那次飞行验证了航天飞机系统的设计，翻开了美国航天行动史册的一个新章节。在整个 20 世纪 80 年代，航天飞机频频升空，不仅把很多人造卫星送进了轨道、对地球进行了一系列观测，还承接了很多医学方面的实验。航天飞机的宽敞使得它足以将“太空实验室”装载在自己的货舱中。作为单独组件的“太空实验室”是一个与校车大小相仿的准圆柱体。由于只能在航天飞机在轨期间运行，“太空实验室”每次运转的时间也被限制在两个星期之内。航天飞机需要携带反应物产生能量，以维持燃料电池的运转和对飞行姿态的控制，而能带多少反应物也就决定了它能在太空里坚持多久。

除了这些科研航天任务之外，美国还有为数不多的几次用航天飞机向太空运送特殊设备的任务。这也是把航天飞机作为各种昂贵运载工具的万能替代品带来的结果之一。在航天飞机开发期间，很多美国人估计它每年能飞行大约 50 次；但在它投入使用后，大家发现航天飞机每两次飞行之间所需的维护保养工作量远远超出预期（这也就造成了飞行间隔的拉长）。在航天飞机使用的顶峰期，飞行密度也只有每年 8～9 次。当然，考虑到航天飞机系统的复杂程度，每年能飞 8～9 次也是一个很值得称赞的成绩了，但跟最初策划和期待的飞行密度相比，还是差得太远。

尽管航天飞机计划不能算是失败的，但美国的航天行业内还是在逐渐滋生一种倦怠感。这个计划雷打不动地把飞行任务的目标设定在地球低轨道，把地球低轨道飞行作为自身合理性的根据。美国航天从业者认为，这对其他种类的飞行计划有些不公平，甚至可能让太空计划走进死胡同。起先，这样计划是因为没有空间站提供相关支持。确实，在“航天运输系统”的其他组成部分到位之前，太空中缺少一个落脚点，没有可供机动调遣的在轨运载工具，也没有向月球运输东西用的“巨型货轮”。但如果“航天运输系统”甘心沦落为只有这一个部分的“系统”，就会让美国的太空计划陷入自我重复的死循环，变得越来越缺乏说服力。

不过，这种停滞的想象成分多于现实成分。尽管航天飞机任务的重点被放在地球低轨道上，休斯敦的高级策划人员还是认真考虑过后续步骤的。按照冯布劳恩的经典架构，下一步显然应该建设某种类型的空间站。由于“天空实验室”已经坠落，“土星 5 号”也不能再生产了，那么就要由航天飞机来承担空间站的建设任务。而要使用航天飞机来运送组件，就意味着空间站的零件不能造得太大，建好一座空间站可能需要几十次发射来运送较小的模块，所需总时间也达数年之久。

美国现在拥有一座正在运行的空间站，如果从这个战略位置往回看，就很容易忘记在工程方面和管理方面还要面临的严峻挑战：美国从未在太空中组装过巨大的、分布式的航天器系统。在太空中组装复杂设施和设备所需的技术尚未发展起来，目前美国对其只有一个粗略的认识，至于在太空中装配机器人，还没有仔细考虑过，就更不用说实施了。另外，为了适应不断变化的供给状况、模块运装的日程进度，并兼顾天气造成的延迟和发射场的可用性，还必须构建一个能够稳妥处理一切的管理架构。如果你是 20 世纪 80 年代中期那群承担了组装空间站重任的人之一，就会深知其中的不确定性一直多于那些成竹在胸的东西。

在地球低轨道上拥有一座大型的空间站，绝不只是有一个太空实验场所那么简单：空间站的架构和配置如果合适，太空站就可以成为让太空飞行突破地球低轨道、直指月球乃至其他行星的一个中转枢纽。这个想法仍然在航天飞机设计者们的心目中占有支配地位，所以航天飞机才被冠以前述的“航天运输系统”之名。按照冯布劳恩在 20 世纪 50 年代初发表于《科利尔》杂志上的连载文章提出的构想，空间站是第一步，随后应该是在轨飞行的太空通勤工具、奔月“巨轮”和月球着陆器，最终是能在各个行星之间往返的飞船。但是这个渐进式的“搭积木”规划已经被放弃了。可是，登月并不应该只是个结果，它也应该是个过程，是个找回本来该做的事情的过程。

1984 年，美国总统里根在联合国发言时宣布将启动一个新的空间站计划。这个空间站名叫“自由号”（Freedom），将会有多种用途，包括科研用的实验室、观测地球和宇宙的天文台，以及太空运输的枢纽站。在作为枢纽站这一点上，“自由号”将提供维修人造卫星所需的设施，成为太空中的卫星修理厂，还能给那些从地球低轨道前往更高的各条轨道的飞行器充当出发口岸。这里所说的更高的轨道，通常为商业通信卫星和其他某些种类的卫星所使用的轨道。这种在各条轨道之间的转移任务，需要一些可以重复使用、支持重复灌注燃料的运载工具，它可以从地球低轨道飞到“地球同步轨道”。地球同步轨道是一条圆形轨道，是包含地球直径的一个大圆，离地大约36 000千米。在这个高度上，卫星绕地球公转的周期是24小时，所以在地球上看，卫星的位置是静止不动的，或者是被拉长为“8”字形的[5]。一颗同步卫星所发射的无线电信号，理论上可以被面向着它的这半个地球上的任何接收站收到。对国际通信、气象监测和遥感科学来说，地球同步轨道上的位置是一项无比重要的资源。

通常来说，从地面上发射的火箭，到达地球低轨道时其实就几乎消耗完了所有的燃料。但从航天能耗的层面来说，消耗掉的这些能量与到达地球同步轨道所需的能量相比，大概只有后者的一半。要往地球同步轨道发射卫星，运载火箭就必须多安装一级，用于提供最终转入地球同步轨道所需的能量，但这会让载荷物的大小受到进一步的限制，从而限制了同步卫星的工作能力。此外，卫星一旦被发射到高高在上的地球同步轨道，就再也没法接受航天飞

[5] 译者注：确切地说，地球同步轨道有无数条，但其中有一条正好位于地球赤道所在的平面之内，这条同步轨道有自己的名字，叫作“地球静止轨道”，该轨道上的卫星在地面上的固定地点看来，位置是始终不动的。另外还有一些轨道的公转周期也和地球自转周期相等，因此固然也属于同步轨道，但它们并不与赤道严格共面，也不一定是绝对的圆形，在这些轨道上运行的卫星从地面上的固定地点看来就可能呈现“8”字形的位置变化。

机或其他载人太空飞船的探访了。所以当这些卫星出现故障的时候无法维修，典型的处理方式就是直接令其脱离轨道并报废，然后再赶紧制造和发射一颗全新的卫星去顶替它。

假如在地球低轨道的空间站里部署一种常备的飞船，那么维修地球同步轨道卫星就完全有可能了。航天员将可以乘坐这种飞船，往返于地球低轨道和地球同步轨道之间，去维修和替换那些人造卫星。更重要的是，航天员可以借助这个运载工具去建设更大、更有能力的卫星系统，这比任何现有的运载火箭或正在筹划的发射工具都更有效率。如果“自由号”可以建设成功，那么在太空里建造大型的、分布式的设备系统就能实现。而这些技术经验可以应用到更高的绕地球飞行轨道上，应用于更为复杂的人造卫星，引出一套将航天员和维修设施送入高轨道的可行办法。

作为“航天运输系统”演化的一个关键步骤，“轨道转移飞行器”（Orbital Transfer Vehicle，OTV）被设计了出来，它可以停泊在“自由号”上，并向更高的轨道转移所需的人员和物资。“轨道转移飞行器”的燃料计划使用从地球上运过去的液氢和液氧，至少最初是这样的。它还装备了一个隔热罩，可以在从高轨道返回低轨道时利用地球大气的摩擦力实现飞船的减速。这样，它自身需要携带的、用于机动动作的燃料也减到了最少。这些策略都有利于“轨道转移飞行器”变小，从而获得更高的运载效率。“轨道转移飞行器”的开发将是建立一个真正意义上基于太空的运输系统的下一个环节，毕竟一种可以持续往返地球同步轨道的运输工具，也完全可以持续往返月球。可是，拥有多项诱人潜力的“轨道转移飞行器”最终还是没被制造出来。

月球扎营运动（1983—1993 年）

1983 年，约翰逊太空中心的两位科学家迈克尔·杜克和温德尔·门德尔意识到，假如 NASA 能把“轨道转移飞行器”造出来，成为“航天飞机-空间站”这个大架构的一部分，那么前往月球的便捷手段就有了。他俩和来自洛斯阿拉莫斯国家实验室的物理学家保罗·基顿合作，先是组织了一个这方面的小型读书班，随后在位于首都华盛顿的美国国家科学院举行了一次大型研讨会。此次会议吸引了大量的科学家、工程师和太空梦想家参加，大家都热情高涨。此次会议一共进行了 3 天，与会者探讨和推敲了登月将会产生的各项影响。会议的主题讨论范围广泛，涉及对月球的进一步探查、月球居住及其生命维持、月球采矿、使用月球物质制取氧气或加工为建材、太空轨道和月面之间的运输和燃料补给，等等。

此次会议也在专业圈子里引发了一场致力于登月的大型运动。当时，热心人士和倡导者们努力切磋和精进关于月球表面、月球物产的知识，而且他们所构想的并不是“阿波罗”计划那种短暂突击式的再临，而是更长期的、更具永久性的月球驻留。在随后几年里，多次小组会、读书班和研讨会的召开让重返月球的思想图景更加充实起来。用好月球资源，以支持人类在月球乃至太空中其他地方生存，这种观点受到的关注日益增加。当时，大家最为关注的话题是月球上氧气的制取。月球土壤中大约有 45% 的质量是氧气，不过，要将其提取出来并转化为自由气体的形式，所耗费的能量将会非常多。此外，在月球上纬度较低的地区，每个黑夜的时长相当于地球上的 14 天左右，在这种漫长的寒夜里生存，离不开长时间续航的电源。因此，要帮助月球前哨站的人员熬过彻骨的寒冷，帮助他们的设备维持正常的运行，就必须考虑在月球上运用核能。只有核反应堆才能提供稳定、持续的电力和热量。

相关方面的众多研究最后大都认为，在月球上长期居住是完全可能的，只不过需要攻克几项关键技术，而这个攻关过程所费不赀。很多人认为开发月球的回报预期非常高，即便用几十亿、上百亿美元去投资也是值得的。比如，开发月球可望给地球提供更加清洁的电力。这方面的一个构想是在月球上生产太阳能电池，并将其组成长宽以千米计的光伏设施阵，然后将其输出的功率以微波或激光的形式传回地球。另一个构想是从月球表面的风化层物质里提取出氦元素的一种稀有同位素——氦-3，因为这种物质可以用于进行"清洁"的核反应，也就是说，用它进行的核反应不会留下带放射性的有害副产品。虽然地球上的天然气中也含有微量的氦-3，但其所占比例还是太低了，不足以成为商业发电活动的可用燃料。然而，太阳终年不断地输出带有能量的粒子流，也就是所谓的"太阳风"。因为地球有磁场，所以这些带电的粒子到达地球附近时通常会绕开；但月球没有磁场，所以太阳风的粒子会打进月球尘埃之中。诚然，氦-3 的含量在月球土壤里也是很低的（大约为五千万分之一），但研究显示这个含量水平已经值得让人们从月球表面去提取它了。这个理念甫一提出就引起了大众和主张重返月球的热心人士的遐想。不过，要想正式使用氦-3 来发电，还得先满足几个重要的技术条件，其中的重中之重是设计出一种能使用氦燃料的核反应堆。

20 世纪 80 年代月球科学考察活动的主要内容是向月球发射一台无人探测器，该探测器的构思诞生于 20 世纪

70 年代中期，它有一个无比贴切、恰如其分的名字——“月球极轨道飞行器”（Lunar Polar Orbiter，LPO），因为它的绕月轨道飞经月球两极上空。由于卫星轨道所在的平面在惯性空间中是固定不动的，所以随着月球的缓慢自转，该探测器就可以自然完成对月面上各个经度的近距离观察。给这样的飞行器装上带有“天底指向”功能（相当于陀螺仪）的设备，就可以研究月球的各项物理、化学性质，以及矿物学状况。当年，“阿波罗”计划的指令舱在绕月飞行时也利用综合遥感器件测绘过月球表面，但由于它沿着月球赤道附近飞行，它观察到的月球表面只占总面积的 20%左右。“月球极轨道飞行器”的 4 号和 5 号曾经在极轨道上绕飞过月球，使月球的全球巡礼得以完成，因而青史留名。

在“阿波罗”的飞行结束后，围绕着月球的一个关键信息引发了人们持续多年的争论。在来自月球的样本中，从来没有找到关于水分存在的证据——无论是过去还是现在，也无论是来自月球表面还是月球深处。于是，“月亮上没有水”成了定论，其地位多年未能动摇。鉴于这个观点，在月球上生活的任务就被看得更为艰难、更具挑战性。尽管如此，早在太空时代到来之前，人们就知道月球的两极地区有一些独特的性质。前面提到过，月球的自转轴几乎垂直（夹角为 88.4°）于黄道面（更确切地说，是“地球-月亮”这个小系统的重心绕着太阳公转的轨道所在的平面）。所以，处于月球两极及其附近地带的人，将看到太阳一直处于月球的天际线附近。而如果站在月极附近的山峰上，就可能终年看得见太阳；相反，如果是在月极附近的洼地（比如环形山的腹地）里，那么就可能终年不见阳光（见图 3.1）。这些终年处于阴影中的区域的温度特别低，因为它们获得热量的自然途径只有一条，那就是在月球内部流动的热量。不难理解，这种热量少得可怜。

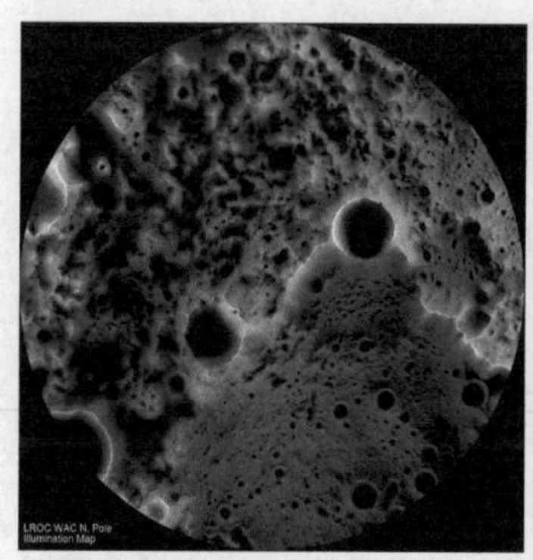

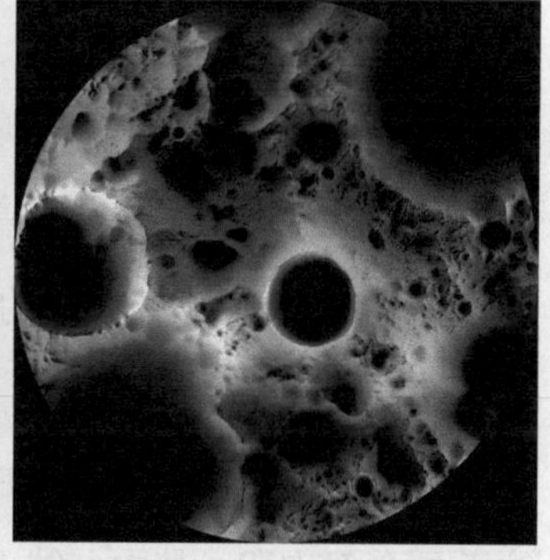

图 3.1 这是月球北极区域（左）和南极区域（右）的光学地形图。在这些错杂的图像里，明亮的部分就是每年在阳光中沐浴相当长时间的部分，而黑色的区域就是终年不见太阳的部分。这种由月球仅有 1.6° 的轨道倾角所造成的情况，使得月球极区的众多低温洼地在漫长的地质时间里积累了巨量的固态水，而有阳光的区域又有条件生产出几乎源源不断的电力。

一些研究表明，月球两极附近的这些特点会产生一些有趣的结果。有证据表明，月球在历史上曾经被含水的天体撞击，包括含水的彗星和流星体。绝大部分的水分子会散佚到太空中，或者在月球表面那高温的真空中解体。但如果水分子以某种方式进入了月球两极附近黑暗无光的“冷阱”，那么它应该会永久停留在那里。目前已知的各种自然过程都无法把水从那里夺走。关于月球的极地到底藏着多少固态的水，猜测很多，但都未经验证。在亲眼见到之前，人们不可能得到确切答案。要想探明那些不见阳光的区域到底藏着什么，人们就需要一部带有遥感功能的“月球极轨道飞行器”。

尽管这一设想在科学领域内具有吸引力，并且作为人类最终重返月球的一个象征事件而具有显著的地位，但在“阿波罗”探月任务结束后的 20 年里，“月球极轨道飞行器”的事情还是不断地让位于其他飞行任务。1986 年 1 月，“挑战者号”航天飞机在升空后不久爆炸，机上 7 名航天员全部殉职。其中，航天员克赖斯特·麦考利夫还是第一位进入太空的中学教师，她是从民众中选拔出来的非专业航天员。NASA 在这次震惊世界的事故发生后陷入公关危机，随后进入了一个反思和检讨自身愿望与目标的痛苦时期。随之而来的还有对航天飞机技术的大规模讨论，人们需要排除隐患才能让航天飞机重返太空。在“挑战者号”的失事让美国有关部门焦头烂额的同时，“自由号”项目也陷入动荡。航天飞机在发生此次重大事故之前就经历过两次推倒重来的设计，这下又多花掉一年的时间去“脱胎换骨”。损失一架航天飞机造成了整个航天计划的严重中断，不少美国人也由此对空间站计划的可行性给予了热烈的关切。

在20世纪80年代后期的载人航天事业暂停期间，有两份报告被发布。由美国前国务卿威廉·罗杰斯担任主席的“罗杰斯委员会”被指派负责彻查“挑战者号”失事的各项原因，并且给出解决这些问题的政策建议。另外，美国还有一个委员会——“国家空间委员会”此前负责制订太空方面的整套长期目标，并为实现这些目标确立所需的策略。该委员会也称为“潘恩委员会”，因为NASA的局长托马斯·潘恩担任过该委员会的主席，但这一别称是在他卸任后开始使用的。“挑战者号”的悲剧吸引了太多的注意力，以至于策略报告在发布时几乎没有引起任何反响。其实，“潘恩委员会”的这份报告十分完备、透彻。该委员会综合考虑了多年以来的种种成败得失，针对人类进军太空提出了一套系统性的、渐进性的、可操作的方案。除了秉持科学日标和探索精神，这份报告还突出了对太空资源的利用。报告涉及当时关于太空探索使命和具体探测目标的几乎所有说法，并指出每种说法都有其客观合理性、拥有忠实的支持者群体，因此都可以并且都应该通过一套可以广泛发展各种能力的、渐进式的行动规划去实现。

在人类的太空飞行中断期间，航天机构以一系列的科研工作和学术研讨会对“潘恩委员会”的报告做出了回应，其成果最终汇总为 1987 年 8 月由航天员萨莉·赖德带领的一个内部研究小组发布的一份报告。这份被称为“赖德报告”的文件确定了太空任务的 4 个主攻方向：太空视角的系统性地球研究、不载人的太空科学考察、月球前哨站，以及将人类送上火星。在这 4 个方向中，报告没有区分哪个更为重要，而是强调它们都能给人们带来益处，留给人们可贵的航天遗产。报告指出，重型运载火箭可以实现上述各个方向里的许多目标，而同时，把航天飞机带来的硬件技术用好，就可以快速、经济地开发出一种新式的重型运载火箭。

“太空探索倡议”的兴衰（1989—1993 年）

“罗杰斯委员会”确认，航天飞机的固体助推火箭设计有问题。之后，设计问题得以修正，航天飞机于 1988 年 9 月重新开始飞行。老布什总统在得到了新版的载人往返轨道工具，以及获得了 3 个“蓝带小组”[6]的报告之后，决定公布美国航天计划的新战略，随后美国就迎来了“太空探索倡议”（Space Exploration Initiative，SEI）。

在“阿波罗”计划登月成功 20 周年之际，老布什在位于华盛顿的美国国家航空航天博物馆发表了一次特别演说，公布了新的规划。“太空探索倡议”不只包括完成“自由号”空间站，还包括重返月球（“这次要驻扎”）及载人火星飞船。当然，老布什并没有给各个目标定下具体期限，他除了要求“自由号”在 10 年之内完成以外，认为其他目标都应该在进入 21 世纪之后再去实现。老布什要求受他领导的“国家空间理事会”负责研究实施这个新的空间规划所需的技术与架构。显然，这个委员会要想做好这项工作，不得不向 NASA 求助。

来自 NASA 领导层和美国各地第一线航天中心的多个团队迅速成立，负责敲定新太空规划的各个步骤、任务和具体工作。他们必须在 90 天之内给政府交出报告。但

[6] 译者注：在美国，“蓝带小组”是指一种由政府机关召集和指派精英专家，针对专门问题进行分析研究的高端智囊小组，其结论相对客观独立，以便为国家决策机构提供参考。

这次“90 天研究”很快变得声名狼藉，导致了“太空探索倡议”的流产。事后看来，它并不像媒体报道和公众认为的那样不堪，而是包含不少优秀的工程思维及很多聪明的创意。如果说有什么大问题的话，简单说就是 NASA 并没有足够的资金去同时运行航天飞机计划和建设“自由号”。报告中给出了 5 种“参考路线图”，每种都是以航天飞机或空间站为出发点向外递增建设的，同时根据备选的几种投入力度，给出了对应的发展速度和活动实施数量。

报告阐述的图景并不是“90 天研究”的最大缺陷，最大缺陷在于这些图景背后发生的事情。这份报告没有给出预算方面的信息，只是估计了大概的花销，供决策者评判几种实施路线的差异。

太空委员会召集了一个特别委员会，对“90 天研究”的成果进行审阅，并详细审看了由美国工业界和其他联邦实体准备的各种替代方案。这些方案中最著名的就是劳伦斯·利弗莫尔国家实验室提出的使用现存的一次性火箭发射充气运载工具的方案。该实验室声称，用它的方案完成重返月球和载人登陆火星的任务，花销还不到“90 天研究”估算的成本的 1/10。这个方案虽然在技术理念的可靠性上和预算的推导方式上都存在不确定性，但还是引起了美国政府的高度重视。

在这种情势下，“国家空间理事会”决定开展一场外联活动，以收集最好的技术创意，从各个角度帮助“太空探索倡议”得到贯彻实施。这些知识丰富、有创新性的建议，将由一个叫作“综合小组”（Synthesis Group）的特别专家组进行收集、评估、改良升级，由此提炼出一个像“魔法豆藤”那样直插苍穹的计划。这里用“魔法”作比，意思是它会非常省钱。该专家组的成员来自学界、政府和工业界，担任组长的是航天员汤姆·斯塔福德。我在 1990 年 8 月到 1991 年 6 月间也是这个专家组的成员。斯塔福德曾说，这个活动就像“从消防软管中喝水”，这个比喻十分恰当。我在专家组工作的这 10 个月，就像上了一门航天方面的速成课，深刻领会了技术开发的益处和短处，以及它在架构设计方面的用途。正如你所预料的，太空界的巨大热情并不能带来那颗长出通天藤蔓的“魔豆”。通往月球乃至其他行星的路，不可能更快捷、更便宜、更出色。在这个意义上说，“综合小组”的工作其实是失败了。但换个角度说，这个小组又提升了人们对月球的认识层次，让人们更加清楚：月球在通往太阳系其他行星的道路上有着不可取代的作用。

1990 年的春天和夏天各发生了一件事，差不多把实现“太空探索倡议”的激情给毁灭殆尽了。第一件事与“哈勃空间望远镜”（Hubble Space Telescope）有关。虽然这架望远镜当时已经升空了，但不久人们就发现它的主要光学部件在磨制时出现偏差。它传送回来的照片原本被寄予厚望，却因为这个误差而失去焦点，变得模糊。另一件事是氢燃料泄漏的问题未解决导致航天飞机机队紧急备降。上述两个情况的出现导致美国国会叫停了“太空探索倡议”。

“克莱门蒂娜”任务及其遗产（1994 年）

研究月球的科学家继续向 NASA 建议，希望发射一个绕飞月球的探测器，但没有结果。科学家的愿望是全面掌握月球的地形、物质组成和其他物理性质信息。绕飞月球的探测任务不仅可以梳理月球的历史演变过程，还可以作为今后探测其他没有空气的行星的参考样板。把覆盖整个月球的遥感数据集与先前由“阿波罗”带回的月球物质标本结合起来使用，可以给科学家提供一批价值高得难以衡量的基础信息。“月球极轨道飞行器”任务被提起过几次，但都没能真正开始。最后这个任务终于以喷气推进实验室的“月球观测者”（Lunar Observer）的名义确立了，它仿照的是先前命运多舛的“火星观测者”（Mars Observer）任务，但这个计划也以流产告终。

“综合小组”的另一位成员、来自劳伦斯·利弗莫尔国家实验室的斯图尔特·诺泽蒂，同时也是美国“智能卵石”（Brilliant Pebbles，BP）计划的参与者。“智能卵石”计划的想法是，发射一大群廉价的小型卫星用来保护美国领土免受弹道导弹攻击。这些小型卫星中的每一颗卫星都可以观测、计算外国导弹的来向，由此制定出拦截路线（是谓“智能”），然后通过撞击使其偏离原定目标（是谓“卵石”）。这种小型卫星可以看作一种三轴稳定的运载工具，搭载有主动和被动图像传感器，另外还有飞行电脑和推进系统。简单说，它们就是功能齐全、可以独自行动的小型太空飞船。

诺泽蒂想到，可以让“智能卵石”飞向宇宙中那些遥远的目标。他对太空资源开发颇有兴趣，所以构思了一项任务，要派飞行器去往一颗小行星，或者绕月球运转。我和他讨论过这些方案。以这些小型太空飞船为基础来看，这似乎是个相当有重量的任务。我的同事、美国地质勘探局的吉恩·休梅克很早就参与了这个任务的策划工作。他是行星科学领域的传奇人物，作为美国国家科学院的成员，他在“阿波罗”计划之前就完成了月球地质图的最初绘制工作，后来又活跃于小行星研究领域。他对诺泽蒂的设想很感兴趣，并且参与了进来，给这个计划增添了不少声望和可信度。

NASA 和美国“战略防御计划组织”之间有一项协议：NASA 会为后者的飞行提供科学团队和通信跟踪方面的支持；后者则会为 NASA 提供传感器、太空飞船及发射服务。传感器是作为“智能卵石”的一部分在利弗莫尔实验室开发的；海军研究实验室则设计和制造了太空飞船，这就是后来的“克莱门蒂娜”。相应的发射是使用空军富余下来的“泰坦-2”（Titan Ⅱ）火箭实施的。在 20 世纪 60 年代，NASA 把载有两名航天员的“双子座”飞船送上太空时，用的就是这款火箭。由于原来设在卡纳维拉尔角（Cape Canaveral）的“泰坦-2”发射平台已被拆除，这次发射是在加利福尼亚州隆波克附近的范登堡空军基地进行的。

“克莱门蒂娜”在这次任务中要沿着月球的极轨道飞行两个月，观测范围覆盖整个月球表面。探测器会在 11 个不同的波长上对月面进行测绘，生成包括可见光、紫外线、近红外等频段在内的月面彩图，并利用激光测量月球的形状。如果届时有合适的机会，它还可以进行其他的一些远程测绘项目。在这两个月结束后，“克莱门蒂娜”将离开绕月轨道，转而去探访一颗近地小行星“地理星”(Geographos)。整个计划的管理人是佩德罗·鲁斯坦，这位技术娴熟、作风硬派的空军上校负责监督工作进度。诺泽蒂作为他的副手，负责协调多方面具体工作，包括科学探测目标、探测器的装配和测试等。NASA 还选择了 12 位来自不同研究方向的月球科学专家，组成了此次的科学团队。休梅克是这个团队的负责人，我是休梅克的副手。休梅克和我一起策划科学探测方案的执行，与海军研究实验室和利弗莫尔实验室的团队保持交流。科学团队为探测器的成像系统认真挑选了一系列带通滤波器，它们提供的彩色图像将帮助科学团队识别月球上不同类型的岩石。“克莱门蒂娜”任务周期短、预算低，因此显得可圈可点。NASA 策划一项行星探测任务通常需要 3～4 年，而“克莱门蒂娜”从立项到发射只用了 1 年零 10 个月。

“智能卵石”将廉价、耐用的传感器与深空任务的需求结合了起来，利用了由大规模生产带来的成本降低的好处 (与之形成对比的是，大部分航天任务使用的部件要专门定制)。所以，只要抛弃那种“这里不能改”的思维定式，克服太空科学家群体中目前依然流行的那种“太空科学仪器全都镀金”的想法，NASA 就没有什么理由不采用类似的节约手段。

“克莱门蒂娜”任务的成功展示了一种新范式的价值，这个范式就是“更快-更好-更便宜”(Faster-Better-Cheaper，FBC)。但这个范式并不能机械地理解成“越便宜就越好”，而是说只要谨慎地筛选各项探测目标，就可以用比过去少得多的钱去换取那些想要的信息：“砍掉”飞行器的一些能力，仍有可能得到最关键数据中的80%～90%；而过去通常将大把的银子花在试图补全那最后的 10%～20%上面了。或许，上述的“FBC 范式”应该改叫“FCG 范式”，也就是“更快-更省-足够好”(Faster-Cheaper-Good Enough)。在最近的20年中，NASA 的探测任务取得了广泛的成功，这归功于审慎地筛选任务清单，为控制成本而对探测项目做一些取舍。这足以说明“FBC 范式”的普遍适用性。“克莱门蒂娜”除了带来科学上的回报之外，还对22项新的航天技术进行了实际飞行测试和验证，包括固体状态数据记录仪、镍氢电池、轻质组件，以及轻巧、低冲击、无爆炸风险的释放装置。这些技术全部被应用于后来的几十次太空任务中，让很多太空飞船变得更轻便、更可靠、使用寿命更长。

1994年1月25日早上，“克莱门蒂娜”的科学团队全体来到加利福尼亚州的一片寒冷、多风的海滩上，站在离 SLC-4W 发射平台只有几千米的地方。此时距“克莱门蒂娜”项目启动还不满两年。我们一行人目睹了搭载着“克莱门蒂娜”的“泰坦-2”火箭喷着火舌、带着橙色的烟雾离开发射台，沿着一道弧线升入了太平洋上方蔚蓝的晴空。大家凝视着运载火箭各级的运作进程，直到它从视野里消失。我在看完发射并离开范登堡的时候还相当兴奋，对未来的任务充满期待，但情绪很快就变了，因为科学运营经理特雷弗·索伦森发来了消息，说探测器有可能“失联”（发送给它的一些指令出了错，地面已经失去对飞行的控制）。幸运的是，错误最终被修正了。

“克莱门蒂娜”科学团队发射的探测器平安地进入了绕月轨道并且开始对月球表面进行测绘。从那时起，科学家们就热切期盼着它发回第一幅图像。等待“克莱门蒂娜”送回数据的地方，是位于弗吉尼亚州亚历山德里亚的一处改建过的国民卫队军械库。这座军械库的别名叫“蝙蝠洞”（Bat Cave），在“克莱门蒂娜”执行任务期间此处就是任务控制中心。为了节约燃料，“克莱门蒂娜”前往月球的旅程长达一个月，它悠闲地绕着大圈接近了月球，并于2月19日到达绕月轨道。当第一幅回传图像终于出现在屏幕上时，我立刻认出了其中的环形山，但由于兴奋过头，一开始竟然没有想起环形山的名字。赶快查阅了墙上的月球图之后，我才想起这是位于月球北极附近的南森

（Nansen）环形山。当月球就这样向自己“走”来的时候，我的身心产生了一种极其强烈的感觉——自己正从月球上空飞过。当时在场的所有人也都有同感。

接下来的一系列常规工作周期都属于这项任务的具体操作，包括例行的下载和收集数据、验证数据是否完好、进行一些初步的科学观察。不过，我在“蝙蝠洞”工作期间也还有几件值得单独说说的事。

第谷（Tycho）环形山是月球正面最大的带有放射纹地貌的环形山。在“克莱门蒂娜”即将越过这座环形山时，我向“蝙蝠洞”控制室里的每个人发出提醒：有一些非同寻常的景观将要出现了。当这座环形山内的盆地和环形山中心那座山峰进入大家的视野时，呼吸声清晰可闻，像在对这壮丽的场景致敬。还有一次，NASA 戈达德太空飞行中心科学小组的成员戴夫·史密斯偶然问起，月球两极地区的平坦程度如何，我答道“几乎没有平坦区域”，主要是因为月球的自转很慢（每 708 小时才自转一周），再加上月球本身是个刚性的球体，没什么可塑性。随后，当飞行器沿着轨道一圈圈地慢慢向西切入月球背面之后，大家发现靠近月球南极的区域有着惊人的地形下沉。这个巨大的凹陷正是“南极-艾特肯盆地”（South Pole - Aitken，SPA）的边缘和内部。这个盆地也是一个陨击痕迹，其直径超过 2600 千米，最低洼处的深度至少有 12 千米。虽然地质学家早就知道这个盆地的存在，但此前从没有人如此完整地看见过它的巨大体量和保存状况。

而今，“克莱门蒂娜”已经向人们彻底展现了月球两极区域的本来面貌，包括其间永久沐浴在阳光中的高峰，以及长期躲在阴影中的环形山内部。吉恩·休梅克在第一眼看到月球两极区时，就觉得快要迎来一些有趣的发现了。休梅克试图说服我相信月球两极存在固态水，这个猜想让我一直觉得可疑。此前，对月球矿物所做的全部检测都未展现出月球有水存在过的痕迹，而且所有前辈也都认为月球一直就是极度干燥的。休梅克坚持让大家保持一种开放的心态，因此，诺泽蒂设计了一个双站雷达实验，使用探测器上的雷达去探测月球极地里的暗区，大家则继续规划自己的观测项目。后来回头再看，诺泽蒂的这个临时安排，催生了绕月测绘征程中的一个历史性事件。

虽然“克莱门蒂娜”没有携带用于探测水的传感器，但诺泽蒂相信团队可以做这个即兴的实验，也就是利用“克莱门蒂娜”的无线电发射天线去窥探月球极地那些无光（因此也很冷）的地方是否真的存在着水冻成的冰。在加利福尼亚州的臭哈韦沙漠中有个叫戈德斯通的地方，那里有一座巨大的天线，用以接收从月球上送来的无线电信号。依靠着无线电工程师克里斯·利希滕格的精心策划和操控，在“克莱门蒂娜”把轨道的近月点（即轨道低点）从月球南纬 30° 调移到北纬 30° 后，团队成功地获取了来自它的移相轨道上的双站雷达信号。

让我震惊的是，探测器在某一次飞越月球南极暗区的过程中采集的数据，显示出圆形极化比（Circular Polarization Ratio，CPR）有增高，这说明那里真的可能有固态水。同时，在附近有阳光的区域取得的数据并未显示出这种特征。当然，圆形极化比的增高并不一定代表固态水的存在，岩质物、粗糙表面和冰状沉积物都可以提高这项指标。团队花了几年的时间去分析数据并深入理解它们，不过这次双站实验依然是成功的——可以说它是科学上的一个大礼包。在某种程度上说，团队敢于把实验数据解释成固态水存在的证据，是得到了当时关于“水星两极地区存在固态水”的成果的支持（水星的成分与月球的成分多有相似之处，所以二者的极区环境也不妨作一类比）。团队于 1996 年 12 月在《科学》（*Science*）杂志上发表了自己的成果，随即引发了媒体的关注。从那时起，关于该如何从科学角度解释这些月球极区数据的观点和反对意见不断出现，争论了 10 年之久。虽然后来又有其他几种探测技术也支持月球上有水的观点，但这种争论至今也没有消失，只是不那么激烈了。

团队通过“克莱门蒂娜”成功地“重返”了月球，测绘了完整的月面，取得了几项重要的发现。在行星科学界的推动下，NASA 同意资助一个研究计划，以便用好“克莱门蒂娜”带回的大量关于月球的新数据。

“克莱门蒂娜”上装备有两台照相机，配有 11 块滤光片，覆盖了波长 415 纳米到 1900 纳米的频段。在这些频段的数据中，团队发现了一些频谱吸收带，它们对应于几种形成月球岩石的主要矿物，比如斜长石、辉石和橄榄石。月球上的各种岩石就是由它们以不同比例组合而成的。通过这些光学信息，团队制成了整个月面的彩色地图，显示了月球上各类岩石的分布情况。月球外壳的最外层是斑驳的，不同位置上的物质成分相差很大。在这个复杂的混合层的下面，是一层近乎纯质的“斜长岩”（仅由斜长石组成的岩石），它才是月球的原始地壳，形成于月球表面呈现熔融状的“岩浆海洋”期间。而月面上巨大的盆地堪称月球壳层上的天然“钻孔”，向人们展示着月壳更深处的情况。月球背面直径达 2600 千米的“南极-艾特肯盆地”的低洼地面则暴露着最内层的月壳（甚至有可能暴露着月幔的外层）。

在“克莱门蒂娜”之前，只有那些曾经被“阿波罗”飞船飞临过的、接近月球赤道的地区有高品质的地形图。团队运用“克莱门蒂娜”的激光测量数据，做出了第一张覆盖月球全球的地形图。该图揭示了“南极-艾特肯盆地”广袤的景象和极佳的保存状态，团队利用独立地貌提供的为数不多的线索，确认了许多在图像上看得到或看不到的大尺度特征。对月面的无线电扫描还得到了重力信息，团队由此得以绘制出月壳厚度的分布图，从而得出结论：月球上最大的陨击盆地下面的月壳是最薄的。

这种测绘工作，使得科学家可以把从“阿波罗”带回的样本中得到的研究成果放进月球上的区域环境中去思考，最终将其代入整个月球的环境。“克莱门蒂娜”还收集了一些特别的数据，比如宽频带热成像、高分辨率图像和星轨图像，这些数据产品可以为许多专题研究服务。1996 年，团队把论文发表在《科学》上之后，在五角大楼举行了一次发布会，宣讲双站实验的结果，也就是在月球南极发现固态水的事。这次任务不仅发现了关于月球演化史的新知识，还引领了学术界对月球历史的兴趣的一次新浪潮，这种兴趣激发了将探测器和人类重新送上月球的决心。团队发现了阳光照不到的月面暗区之后，站到了月球科学革命的前沿。

对月球的这种新的好奇心，让新时期 NASA 的低成本行星考察计划以“月球勘探者”（Lunar Prospector，LP）为头阵。该次任务发现月球两极的氢浓度增加，这再次提升了月球上存在固态水的可能性。有了这个新情报的支撑，月球重新成了无人太空探测和载人航天事业中富有吸引力的目的地。得到了月面上存在大量的氢（不论具体形态如何）的直接证据，就说明那里拥有可以支持人类长期生活的资源。“克莱门蒂娜”从月球两极附近的几个地区（这些地区在一年中的大部分时间里能照到阳光）取得的图像，补充了“月球勘探者”关于月球氢的发现。这些图像的内容虽然不是 1837 年天文学家威廉·比尔和约翰·海因里希·冯马德勒所猜测的“永远有光的山峰”，但非常接近这种东西。人类在月球上永久居住的两个最为重要的先决条件——物料资源和能源，就这样被确切证实在月球上真实存在。这两项任务确认了人类在太空中自行利用月球资源的可能性，说明人类可以把月球建设成一处长期可用的场所，供太空飞行活动永久使用。团队剩下的任务就是进一步利用“克莱门蒂娜”的雷达探测结果绘制出月球极地的固态水沉积分布图。

“克莱门蒂娜”对太空探索的影响深远，欧洲于 2002 年送向月球的“SMART-1”主要任务是技术演示，非常类似于欧洲版本的“克莱门蒂娜”。1995年，NASA还曾指示“应用物理实验室”，让“近地小行星交会探测器”（Near- Earth Asteroid Rendezvous, NEAR）飞向小行星“爱神星”（Eros），对其进行探查，以弥补“克莱门蒂娜”在离开月球后因失去控制而错过的探访小行星的机会。1997年，休梅克在澳大利亚发生车祸不幸去世后，该任务将名称扩充为“NEAR-休梅克”以示纪念。印度的“月船1号”（Chandrayaan-1）探测器拥有与“克莱门蒂娜”相仿的体积和有效载荷；后来美国在2009年发射的“月球陨坑观测与遥感卫星”在设计上也使用了“克莱门蒂娜”的那种低成本、快运行、限定观测目标的任务思路，可以看作对“克莱门蒂娜”范式的一种深化和扩展。

“更快-更好-更便宜”的任务模式曾经受到航天圈里一些人的批评，但现在大家已经意识到它是一种务实的设计思维，并不像它的名字听起来那样浅陋。一项在目标上有所节制的任务，远比一项永远停留在策划阶段的、镀着黄金的任务更值得期待。固然，有些任务受其研究对象所限，要想实现目标就必须调拨额外的金钱和资源，但“克莱门蒂娜”带来的启示仍然是有力的：对大多数科学探索的对象来说，不能只盯着“最好”而忘了“足够好”。太空任务的策划管理需要精打细算的智慧，而不该成为不断吞噬机构预算的“吞金兽”。“克莱门蒂娜”行动迅捷、朴素，如果当初让它工作得慢一点儿，或许会进一步减少它的错误。不过，瑕不掩瑜，它已经回报了一个高质量、大规模的数据集，至今还在科研中使用。为了表彰“克莱门蒂娜”的重要成就，海军研究实验室于 2002 年把这个探测器的工程模型送给了史密松森学会，并在美国国家航空航天博物馆展出。模型被悬挂在“阿波罗”登月舱的上方。

可以说“克莱门蒂娜”改变了美国太空计划的整体前进方向。1990—1992 年的“太空探索倡议”化为泡影之后，NASA 陷入了没有长期战略方向的状态。这是该机构历史上第一次（可叹的是，绝非最后一次）未对航天飞机和空间站做出后续活动规划。虽然其间戈丁带着一群同事试图让载人火星任务获得上级批准，但这项任务无论是技术上还是经济上都困难重重。这种任务停滞的状态一直持续到 2003 年。随着“哥伦比亚号”航天飞机的惨烈失事，美国的太空目标开始经受从头到脚的重新审视。由于“克莱门蒂娜”已经为人们证实了月球的战略价值所在，月面再次成了一个充满魅力的、进行未来的无人和载人探测的目标，这就催生了 2004 年的“太空探索图景”（Vision for Space Exploration，VSE）规划。在这个规划中，月球是美国在地球低轨道之外最核心的目标。火星虽被称为太空行动的一个“最终目标”（这个“最终”不是指“最后”），但“太空探索图景”里详细地规划了以月球为目标的诸多专项探索活动，其中特别注重如何使用月球的物料资源和能源去推进可持续的航天活动。遗憾的是，正如我将详细讲述的那样，“太空探索图景”还是被后来的多种因素瓦解了。

“克莱门蒂娜”是一座分水岭，关于太空政策的性质的辩论在它这里被永远地改变了走向。在太空探索上，可以找到一个从根本上说完全不同的路数，这个路数是可扩展、可持续的，是永久性的。利用月球资源在太空中掌握新的本领，曾经只是科幻小说式的古怪想法，但如今科学家们已经胸有成竹。这个思路就像从魔法瓶里跑出来的可爱精灵，决不能放它回去。

第四章

荧惑实有魅，安知其中难

随着“克莱门蒂娜”任务的顺利完成，月球重新被看作有价值的探险目的地。美国海军研究实验室和劳伦斯·利弗莫尔国家实验室都为“克莱门蒂娜2号”任务做了准备。该任务将飞掠小行星，这原本是“克莱门蒂娜”应该完成的任务，但由于后者离开月球后其推进器出现了技术故障而未能实现。研究团队的部分成员提出了一个与“克莱门蒂娜”成镜像关系的任务框架，即让“克莱门蒂娜2号”先飞掠小行星，然后再切入绕月飞行轨道，让它用更多种类的设备以更高的精度测绘月面，对先前“克莱门蒂娜”的发现予以跟进。这个新版的月球详测计划自然也少不了反对的声音，1997 年，美国国会为“克莱门蒂娜 2 号”拨付了资金，但有人对“克莱门蒂娜”发现的价值提出了质疑，发射计划后来还是被中止了。

大约在这前后，NASA 发起“发现”（Discovery）计划征求内容方案的活动。“发现”是一系列新的、小规模的行星探测任务，其花销被限制在 1.5 亿美元之内。这个系列任务是 NASA 对由“克莱门蒂娜”体现出的“更快-更好-更便宜”的任务范式的一次模仿。作为 NASA 新一代局长的戈丁因倡导 FBC 范式而声名大振。“发现”计划收到了几十种任务内容提案。诸多提案各由一位行星科学家领衔提出，这种领衔的科学家统称为“首席研究员”（Principal Investigator，PI）。1995 年，NASA 为“发现”计划选出了首个付诸实施的任务——由艾伦·宾德领衔的“月球勘探者”。NASA 认为这个提案是他们收到的所有提案中成本最低、风险最小的，运营它也只需要一个小型团队。

“月球勘探者”携带的粒子传感器和地球化学传感器，完美地在“克莱门蒂娜”取得的多波段图像和激光测绘数据基础上做了必要的补充。这两个任务珠联璧合，让我们全面了解了月球的化学成分和矿物组成、表面地形和重力分布，以及区域地质状况。它们生成了此前从未有过的月球极轨道飞行器数据，这是参加任务的科学家们期盼了很多年的。科学家在研究这批数据后，发现月球正面西侧边缘的被称为“风暴洋”（Oceanus Procellarum）的大片低洼地区是月壳中的放射性元素高度聚集的地方，从月球整体来看，这种不对称的聚集是反常的，然而其原因又是未知的。而比这重要得多的一件事是，“月球勘探者”的中子能谱仪发现月球两极的氢含量差不多是一样的。中子实验的局限在于它只能测量氢元素的丰度，却测不出氢的物理状态，也就是说，这些氢在月球极地的低温风化层里，到底是以固态水的形式存在，还是以过量的太阳风气体的形式存在，这些都不得而知。基于这些信息，再加上“克莱门蒂娜”对月球极光的观测结果和双站雷达的数据，我们就有了更多的证据去说明月球两极隐藏着一些特别有趣的东西。月球的自转轴几乎垂直于黄道平面，与后者的严格垂线的夹角只有 1.5°。所以站在月球的两极看去，太阳差不多终年徘徊在天际线上。由于从地球或月球看去，太阳的角直径大约是 0.5°，所以在月球极地上看到的太阳有时应该擦着天际线出现，有时则擦着天际线藏在下面。但月面地形又很粗粝、颇有起伏，还有巨大的环形山和盆地，所以理论上说，月球两极附近会存在一些终年能见到太阳的区域，以及一些终年都见不到太阳的区域。“克莱门蒂娜”仅在月球南极处于冬季期间飞行了 71 天，所以它提供的

“阳光-阴影”分布数据并没有覆盖月球上的一整年。尽管如此，观测结果已经显示，在月球南极附近的沙克尔顿环形山一带，有许多小的区域会在当地处于冬季期间依然享有总时间的 70%以上的光照期。与此同时，月球的北极（此时处于夏季）附近有 3 个区域的光照期是全天的 100%。至于月球北极处于冬季（同时南极处于夏季）时的情况如何，我们还没有数据。

在世纪之交的前后 10 年内，关于月球上是否存在固态水的科学激辩一直没有停息。这种争议源于雷达的“圆形极化比”数据作为月面物理性质和成分的指标不是特别精确。数据本身不具有决定性，自然会让争论的“炮火”把这块阵地搅得天翻地覆。1995 年，休斯敦举行了“月球科学会议”（Lunar Science Conference），会上有一篇论文描述了位于波多黎各的“阿雷西博”（Arecibo）射电望远镜对月球南极进行高精度成像的结果。这些成像可以让我们一窥月球极地的那些照不到太阳的区域。有趣的是，在这些暗区中我们可以看到一些具有高度漫反射能力的区域。这种高度弥散的反射会造成雷达波的圆形极化，即前面说的 CPR。它可能意味着由固态水形成的表面，也可能对应于多棱的碎石地面，或者二者错杂在一起的情况。面对双站实验得到的这个结果，“克莱门蒂娜”的团队倾向于将其解释为固态水，而行星射电科学界的学者们则认为它是月球表面碎石嶙峋的反映。

“月球勘探者”带回的中子数据清楚地显示了月球两极的氢过量现象，但其氢浓度分布图的表面分辨率非常低，导致天文学家无法确定相关的信号是否是由氢浓度相对较低但面积很大的一个区域引起的（如果太阳风气体嵌入风化层就会是这种情况）。当然它也可能是由许多个氢浓度很高的、相对独立的小区域造成的，那样就说明永久阴影区里有冰了。当我所在的团队试图设计、制造一个小型的成像雷达并将其发射到月球附近，以跟进“克莱门蒂娜”和“月球勘探者”的发现时，上述争议变得激烈起来。虽然 NASA 的小型无人探测任务得到了很多支持，欧洲航天局对此也有兴趣，甚至有些商业发射任务也已经成型，属于这个雷达的发射机会却直至 2003 年才到来。

此时，月球表面最大的谜团就是它的两极地区。在那里我们发现了终年不见阳光的区域，也发现了很可能终年沐浴阳光的区域，而且知道了那里的氢浓度更高。这些都说明那些暗区之内可能藏着固态的水。所有这些新的发现也都表明，月球远比我们过去想象的要复杂、有趣多了。找到光照时间特别长的区域，堪称一个关键的发现。在这种几乎每一天（或说月球上的每一天）都能见到太阳的区域内，人类在月球上长期居住的一个最大的障碍已不复存在：我们不用在长达地球上半个月的黑夜里消耗地球能源去发电和取暖了。固然，核能是在月球黑夜里发电、取暖的最佳之选，但无论从技术层面还是社会层面上看，核能的成本都太高，会给重返月球造成不可想象的负担。与建立核电站相比，在那些几乎终年可见太阳的区域里建立光伏设施，其输出的能量可以让人们更轻松地在月球上生活。此外，月球的夜晚极冷，而有了投射到月面上的阳光（哪怕其照射角度几乎平行于月面），会有助于我们抵抗低温。如果这种终年阳光的区域附近还有固态水的分布区，那么无疑就是月面上的“绿洲”，不仅适合人类长住，还有望开展生产活动。

“月球勘探者”任务的收尾阶段很有意思。它先是把高度降到离月面 20 千米左右（在保证不撞到月球山峰的前提下尽量贴近月面），在这个很近的距离上收集了一些高分辨率的数据，后来最终于 1999 年 7 月 31 日按照指令撞向了月球南极附近的一座环形山。这一撞的用意在于溅起一些环形山内部的物质，然后争取利用地球上的望远镜观测撞击后腾起的烟雾，并对其进行分析，尝试从中找到水存在的证据。可惜运气不佳，用地球上的望远镜最后并未观察到喷溅物，所以关于月球极地固态水的争论也没有平息（“月球陨坑观测与遥感卫星”在10年之后重复了这个实验，取得了更为有效的成果）。尽管如此，“月球勘探者”还有一个亮点，那就是它携带了一份非同寻常的货物：吉恩·休梅克的一部分骨灰。它现在与装有骨灰的容器一起停留在月球南极附近的一个环形山里面，这座环形山随即被命名为“休梅克山”。对致力于月球探测和研究的休梅克而言，这是最佳的致敬方式。

团队认定，在月球的两极地区发现了水。现在团队需要的是一种保障，即团队能有机会回去验证这一新发现。

对火星的狂热

在过去20年的行星探索活动中，占主要地位的是对火星的无人机器探测，其背后的最大动机是行星科学界准备通过一系列飞往火星的探测器最终把火星物质样本带回地球。这个愿望可谓雄心勃勃。在经过哈勃空间望远镜的出师不利和1993年喷气推进实验室“火星观测者”探测器的失败之后，NASA的无人探测器计划一直处于严格的审查之下。NASA的局长戈丁支持载人火星任务和在火星上寻找生命的工作，他把“更快-更好-更便宜”这个范式用到了火星任务方面，推进了“火星探路者”

（Mars Pathfinder）项目的实施，将一辆名叫“旅居者号”（Sojourner）的火星车投放到火星表面。这辆火星车带着降落伞和气囊，所以不会在撞击火星时摔坏。“旅居者号”不仅拍摄了一些照片，还对火星的土壤做了初步的化学分析。诚然，“火星探路者”项目在技术上获得了成功，但它并未在火星及其表面过程和演化历史方面给我们带来知识和理解上的根本性提升，所以并没有实现其范式中的“更好”，甚至连“足够好”也不太谈得上。

有一件事让众人的目光在整个 20 世纪 90 年代都汇聚在火星上，但这件事并非来自太空任务，而是来自于地球上的一间实验室。人们此前一段时间已经知道，属于“SNC 陨石组”[7]的火星陨石拥有不太一般的化学性质，结晶年代也相对晚近。这些陨石的分析报告指出，被困在它们内部的氩气，与 1976 年“海盗号”（Viking）探测器测得的火星大气中的氩气成分具有相同的特征。科学家的结论是，这些陨石来自火星的壳层，那里受到的陨击使火星岩石变成碎片，其中有些碎片最终飞到了地球上。这些陨石的成分，

[7] 译者注：“SNC 陨石组”是火星陨石研究术语，这三个字母分别指在三个不同地点发现的三次火星陨石光临地球事件。S、N、C 分别代表地名 Shergottite、Nahklaite 和 Chassignite，即印度的休格地、埃及的奈克拉和法国的夏西尼。

似乎和依据“海盗号”遥感数据推断出的火星成分相符，它们成为陨石的时间比其他大多数陨石要晚。所有这些岩石都是在 46 亿年前形成的，而月球样本的历史有 30 亿到 40 亿年，这与我们对火星表面长期地质演化的理解再次吻合；而通过陨击痕迹的密度，可以分析出火星表面不同的地质单元的形成期分布在 40 亿年前到 10 亿年前之间。在南极洲曾经发现过一块特殊的火星陨石，它的编号是 ALH84001，其年代相对更早，为 45 亿年前。科学家用扫描式电子显微镜观察它的内部时，发现了某些微小的、栩栩如生的细菌痕迹，它们与地球上已知的细菌种类很像，但个头更小，还有一些独特的细节。ALH84001 研究论文的作者指出，这些痕迹很可能是火星上的原始细菌的化石。换句话说，他们声称发现了已经灭绝的地外生命留下的印记，这个爆炸性的表述自然成了头条新闻。

媒体的报道随即像洪水一样涌来。可持续的火星探测计划也再度受到追捧。虽然将人类送上火星在技术上暂时还不可能做到，但研究火星的科学家们和喷气推进实验室的工作人员忙得热火朝天，因为有一系列以带回充满未知的火星物质样本为目标的机器探测任务要完成。以“追寻生命”（the Quest for Life）为名号的科学列车就此问世。

戈丁把寻找地外生命作为 NASA 开展太空探测的首要理由。这一新思路将体现在火星目标上，并且被总结成一个口号“逐水而行”（Follow the Water）。该消息背后的理念是：生命如我们所知的那样，依赖于液态水的存在。基于这一信念，接下来就得发起针对火星上的特定地区的一连串任务，这些地区据猜测曾经有过流水。目光犀利的观察者可能会注意到，除了或许真的发现现存的或已经灭绝的火星生物之外，这个探索思路并没有一个标准可以用来程序性地判定其何时应该结束。

虽然“克莱门蒂娜”和“月球勘探者”任务带回了积极的线索，关于月球极区的固态水和几乎终年能照到阳光的区域也不乏后续的研究，但 NASA 还是没有开展后续调查的兴趣。NASA 的无人机器探测在未来的几十年里都将注重于各式各样的火星任务。在克林顿执政时期，NASA 每次提交的科研方案在机器探测方面都以“绿色”飞行器为主打特色，它们都被用于研究地球、绕飞火星，或者施放火星车。

不过，火星探测活动很快就受困于一些严重的技术问题。1997 年的“火星探路者”任务是成功了，这也是自“海盗号”之后 20 年来第一个成功的火星探测任务，然而接下去的两次火星任务全都以失败告终。1999 年的“火星气候探测器”（Mars Climate Orbiter）旨在描绘火星的大气现象、为研究火星气候变迁的机制和证据寻找可能的线索，但是该探测器在入轨时偏航，从此杳无音信。事后的分析发现，任务失败的原因在于给探测器发送的指令信息不对，其数据本该使用公制单位，结果用的却是英制单位。接下来的任务是“火星极地着陆器”（Mars Polar Lander），这个探测器在马上就要进入火星大气层的时候突然不再向地球发送信号了，据推测它已经坠毁在火星表面了。在两次任务都告折戟之后，火星计划做了改革，此后每次向这颗红色行星发射探测器都将更加昂贵，以期寻找那不知道是否存在或曾经存在过的火星水及火星生命。

载人航天任务

在“太空探索倡议”无疾而终之后，美国载人太空飞行方面的努力还包括继续进行的航天飞机计划、许多种类的人造卫星交付和生命科学实验，以及哈勃空间望远镜的维修任务等。建设一个可供人类长久居住的空间站的目标依然存在，但其构思已经完全换了版本。1984 年提出的“自由号”空间站先后经历了几次设计，导致动工时间一推再推。尽管航天飞机计划经历了“挑战者号”失事后的彻底审查及氢燃料泄漏导致的全机队停飞，NASA 依然忙于一遍遍完善空间站的设计。

虽然“太空探索倡议”衰落并终止，但有些人提出，不妨开展一个让美国和俄罗斯合作的联合太空计划。苏联曾经在 20 世纪 80 年代建造了一个相当大且强悍的空间站“和平号”（Mir），他们的航天员乘坐着同样由苏联研发的“联盟号”（Soyuz）宇宙飞船往返这个空间站，进行例行的长期驻留。1993 年，“和平航天飞机”（Shuttle Mir）计划公开，这个计划被视为双方合作的范例，它让航天飞机与“和平号”对接，美国航天员可以乘坐航天飞机进入俄罗斯的空间站，与俄罗斯航天员一起生活和工作，以展示全人类可以在太空中和平共处。

从 1995 年到 1998 年，航天飞机共往返“和平号”11 次，美国航天员总计在俄罗斯的空间站内停留了将近 1000 天，两国还共同开发了联合操作、联合飞行的整套技术。在这一系列合作飞行中尽管也有过危急时刻（比如空间站里着火了，需要航天员们快速、果断地采取行动），但两国都认为双方的合作十分成功。这一合作也引出了空间站的终极设计——那就是全新的“国际空间站”。这一新设计以俄罗斯提供的一些关键性的构件为基础。1998 年发射的“曙光号”（Zarya）功能货舱和 2000 年发射的“星辰号”（Zvezda）生活舱与科学实验舱，成了国际空间站最核心的模块。这个新的空间站完全是模块化的：在此后的10年中，绕着地球飞行的国际空间站还需要航天飞机的27次飞行和俄罗斯的“质子号”（Proton）、“联盟号”（Soyuz）飞船的6次飞行来逐步建设。从2001年开始，国际空间站里就有了常驻的航天员小组，即便在2003年“哥伦比亚号”失事后所有航天飞机停飞的两年半时间里也没有中断。2011年5月，随着阿尔法磁谱仪（Alpha Magnetic Spectrometer）被运载升空并安装到位，国际空间站的组装最终全部完成。

在21世纪的最初几年，国际空间站终于一步步建设起来。约翰逊太空中心的“勘探计划办公室”（Exploration Program Office）还保留着一个骨干工程师小组，继续评估载人火星任务的需求和困难，并讨论重返月球的其他方法。在休斯敦，经历过“太空探索倡议”流产的工程师们分析后认为，只需要几次巨型火箭发射，外加几次航天飞机飞行，就能实现人类重返月球的目标。他们认为，当初“90天研究”提出的大规模基础建设不一定是必要的，至少对于再次载人登月的一些初始步骤而言并非必要，特别是如果能将月球资源（氧气）纳入太空规划中的话。他们认为，这样做虽然会让航天员在月球的停留时间和工作能力受到限制，但至少能在月面留下一个可供落脚的地方，然后可以继续探讨从这个落脚点出发向外探索月球的可能性。

工程师小组继续对这些规划和设想进行研究，其课题包括到月球以外的其他地方去执行任务。NASA 早期科研任务的兴趣点之一是“拉格朗日点”[8]，这个名称是指“地球-月球”系统内的一系列引力平衡点。工程师小组想把航天员派到拉格朗日点去，在那里，地球和月球的相对位置看起来永远不变。但这种任务的最大问题在于，拉格朗日点上并没有天体，即使航天员去了，也只有他和他的飞船。未来，拉格朗日点倒是可能变得重要起来，因为它可以作为飞向其他行星的太空飞船的集结区域，还可以把从地球或月球运送来的水与其他资源先汇集在那里。虽然人们对飞往近地小行星的任务也颇有兴趣，但当时专家们还是认为这种任务并不是最重要的，可以留到未来重新考虑。当时，人们对绝大多数的小行星了解甚少，飞往小行星的任务和飞往火星的任务有一样的缺点，比如长达数月的路途时间，以及几乎无法中止任务的风险等。与此同时，这种任务的潜在收益并不多，因为大多数小行星本身只是

[8] 译者注：也称“平动点”，英文为 Libration Point。

质地比较均一的岩石，可以进行的科研项目种类过于有限。

关于火星任务的规划的研究如何继续进行下去，有两件事情变得逐渐明确。一是，在踏踏实实地把航天员送上火星之前，必须先发展出若干项至关重要的技术。这些技术可能涉及一些“已知的未知量”，也就是人们已经知道自己需要哪些信息，但目前还没有得到这些信息，比如核动力的火箭推进技术的细节，再如令人胆寒的“进入”（Entry）、“下降”（Descent）和“着陆”（Landing）这3个合称为EDL的危险飞行阶段的细节。除了这些，还有一些“未知的未知量”，是人们根本还没想到其存在的那种问题。既然连问题是什么都不知道，就更不要说去解决它们了。研究显示，基于人们已有的知识水平，载人火星任务在比较近的未来内是极为困难的。二是，即便最有利于人们向火星发射火箭的机会出现，人们也需要先把总重量少则100万磅（约450吨）、多则200万磅（约900吨）的物资运送到地球低轨道上——这些重量中的绝大部分是飞行所需的推进剂的重量。据估计，如果想要在轨道上组装起一个仅供一名航天员飞往火星的飞船，需要“土星5号”那种级别的重型运载火箭发射8～10次。而在1968年到1972年的整个“阿波罗”系列任务期间，“土星5号”总共也就发射了10次。科学家必须考虑更多更有创意的办法才行。

在思考人类要如何飞行于行星之间的过程中，有一个关键步骤要归功于罗伯特·祖布林。这位任职于马丁·玛丽埃塔公司（即 1995 年与洛克希德公司合并为“洛克希德-马丁公司”的那家公司）的工程师在 1990 年提出了一个理论构架——“直取火星”（Mars Direct）。这个规划虽然绕开了月球，但对月球探索来说意义是重大的，因为它同样依赖于“就地资源利用”的理念。祖布林提出，从火星返回地球所需的推进剂可以在火星上生产——以火星大气层中的二氧化碳为原料，就地制取甲烷，能减小很多飞船从地球出发时的质量。此外，他的构想还包括让乘员组和货物分开：在航天员登陆火星之前的两年，就可以先把核能发电装置和利用火星大气制取甲烷推进剂所需的反应设备提前运到火星表面。这种思路可以增加一份安全保障，那就是假如在火星表面制取甲烷的效果不如预期，航天员也不会因为返程燃料不足而被困在火星上，因为他们可以等到火星上已经生产并储存了足够多的返程燃料后再从地球出发。尽管“直取火星”提出的“就地资源利用”理念已经把风险控制到最小，但有些工程师接受这套想法依然很慢，这也影响了对重返月球的构想。

虽然“直取火星”在一些理念上具有创新性，但载人火星计划终究还是有太多风险。所以，尽管有着 ALH84001 上类似原始生物形状的痕迹及戈丁的努力，在 20 世纪 90 年代的大部分时间里，火星计划还是只能以一系列无人探测器的形式“追寻水”。

“哥伦比亚号”失事及其后果

在“月球勘探者”之后、“太空探索图景”（1998—2004 年）之前的几年，美国仍有几次重启月球探索的尝试，至少在无人探测器方面，有一系列的飞行带来了一些让人兴奋的新发现和一些关于月球两极的新谜题。关于月球极地是否存在固态水及其分布状况的激烈争论仍然在持续，很显然，天文学家需要更多的高品质数据来终结这个问题。月球极区中那些永久处于阴影里的区域，使用地球上的射电望远镜勉强可以观测。“深空网络”位于戈德斯通的直径为 80 米的天线，以及“阿雷西博”直径达 300 米的巨大天线都曾对准月球的南极，寻找固态水存在的证据。由于仅能从“零相位”（单基地）的雷达获得弥散的漫反射数据，发射信号和接收反馈信号都由同一个天线完成，所以它们得到的数据并不足以确切地区分岩石和冰，也就不足以下结论。而如果使用两个天线，一个只负责发射，另一个只负责接收，且二者间的距离是已知的，就构成了“双基地”（Bistatic）技术，就可以提供确凿的证据进而解决问题。这使得许多科学家倾向于把接收到的信号解释为月球上存在固态水。我作为月球极地冰存在的支持者，认为可以利用绕月飞行的雷达获取新的高品质数据，来证明我的观点，但困难在于找不到发射月球探测器的机会。日本多年以来一直抱有探月的梦想，并且提出了一个雄心勃勃的项目——“月亮女神”（Selene）（后来改名 Kaguya，即“辉夜姬”），这个探测器有一辆校车那么大，搭载着几乎全部已有类型的遥感设备。但这个项目的进度一直在推迟，后来又遇到运载火箭故障，最终被取消了。欧洲也保持着对探月任务的热情，他们策划的任务包括绕月飞行器和月球南极着陆器，可每次接近实际飞行时都遭遇延期。在把规划缩水成一个小型的技术示范项目之后，欧洲终于在 2003 年年底发射了一部绕月飞行器，即“SMART-1”，它利用太阳能电力来推进，以螺旋形轨道飞行了一年多之后终于到达绕月轨道。这个飞行器搭载的设备很有限，但它扩展了测绘的覆盖范围，也延长了对月球极区光照情况的观测时间，所以还是增加了我们对月球两极的了解。

美国国防部高级研究计划局在 2003 年赞助过一个项目，研究使用月球上的资源制造新物质可能带来的影响。

这个项目主要以纸面形式完成，尽管其作者希望将研究成果纳入后续的几项小型探测器任务之中，以便跟进关于月球极区的研究。我当时在约翰·霍普金斯大学的应用物理实验室工作，该校的研究机构与NASA的喷气推进实验室很相似，我当时正在从事这个研究。我所在的团队描绘了关于一组小卫星的想法，每颗小卫星的重量都不到100千克，可以联合操作它们，以获得关于月球极区环境和物料的高分辨率数据。这个想法如果能够实现，就会为一些关于月球极区的问题找到明确的答案，让人们知道开发月球上的水资源是否可行，以及月球将带给人们怎样的太空航行能力。不过，这项研究的后续阶段并未获得批准，探月积极分子们的希望再次破灭了。

尽管项目被搁置，但我所在的团队已经付出的努力也带来了些许积极成果。团队已经掌握了如何去设计一项旨在取得高品质的月球极区数据的小型任务。曾任月球物质标本管理人，也是20世纪80年代月球基地促进运动带头人的迈克·杜克在科罗拉多矿业学院带领着团队进行了一项数值化研究，帮天文学家填补了月球矿藏领域的一些知识空白点。比如，月面上一个地方的水资源的丰度达到什么程度，才值得人们去努力开采？他们的研究表明，水的质量比需要占到1%，其收益才能抵消掉提取它们并使用运输系统所消耗的成本。幸运的是，天文学家已经知道月球上的水很可能达到了这个要求："月球勘探者"送回来的氢元素数据表明，月球极区的水含量可能达到极区岩层总质量的 1.5%，考虑到阳光区域没有水，那么阴影区域的水含量应该只多不少。

2003 年 2 月 1 日，"哥伦比亚号"航天飞机在返回地球大气层的过程中解体，机上 7 名航天员全部牺牲。惨剧发生后，所有航天飞机被下令停飞，直到查明事故原因、敲定解决方案后才能恢复。与 1986 年"挑战者号"航天飞机的那次灾难一样，这次失事让大家的注意力又一次集中到了载人航天事业的目的和意义上，而且影响还不止这些。2001 年，NASA 的领导者从戈丁换成了肖恩·奥基夫，他有个尊称"绿眼罩"（Green Eyeshade）[9]，他走马上任时肩负的一项任务就是解决 NASA 在国际空间站工程中积累下来的一大堆成本问题。"哥伦比亚号"的惨剧深深地震撼了奥基夫。他坚信，如果人类依然决心要冒着生命危险前往太空，那就一定得实现一些足够有意义的大目标。因此他打定主意要制订出这样的目标。

[9] 译者注：绿眼罩是一种蓝绿色、半透明的滤光护眼工具，早期常被会计师、预算编制者等长期在白炽灯下工作的人所使用，后干脆用来代指这些领域的专业人士。

有一些专家在深思，如果载人航天计划中止，下一步该怎么走。其中一位是经济学家克劳斯·海斯，他早年涉足过一些关于航天飞机可行性的研究。他确信，只要把现有的资源用好，人类就可以学会如何在月球上进行永久性建设，这样就能够重返月球，为今后更加宏伟的太空梦想打下基础。NASA 对此进行了详细的技术研究。载人太空飞行协会会长比尔·雷迪带领自己的团队成员们在 NASA 总部对海斯提出的建设月球基地的计划做了可行性研究。该团队又用了一年半的时间继续钻研与重返月球有关的问题，最后提出了一种经济上实惠、技术上也稳健的方案。这个“黄金团队”承担了一项责任，即对飞越地球低轨道的载人航天活动的问题进行审查，而且其工作独立于先前的各项研究活动。

在 2003 年的剩余时间里，该团队还完成了一项关于载人航天工程的重要研究。政府的官员约翰·马伯格采纳了一种独立的、非同寻常的路径，让人印象颇深。他没有追随以往那些“有远见”的尝试和研究报告，而是针对载人航天提出了一个根本性的问题：为什么要载人航天？我们在太空事业上的远期目标是什么？

多年以来，许多人在与这个“为什么”纠结、缠斗，但这种思考通常会在太空事务部门内部的某个小分支里自生自灭。对很多科学家群体而言，这个问题的答案一直是“研究宇宙”；对航空航天技术专家来说，答案则是“建造能想象出来的最大、最好的机器”。马伯格重新琢磨了这个问题，然后提出了一个新问题：太空中含有可视为无限多的物质和能量，从理论上讲这也是无限的财富。人类收集这些财富需要一些技术，为什么不关注这些技术的开发，以服务于人类的福利？

当公众都在关心“哥伦比亚号”的事故调查时，出现了两种相互竞争的思路。其中一个思路是重新调整和组织太空计划，使它成为财富的创造者，而不再是消费者。为了实现这个转变，我们就必须掌握在其他星球上利用资源、居住和进行扩展作业的诸多技术。在“阿波罗”探月工程的阶段，登月仅仅是出于科研和好奇的目的；而为了从在太空中发现的材料里提取出有用的产品，我们需要对现有的设备和操作方法进行升级，并且要开发出完全不同的设备和方法。由于对月球两极的潜力有了新的发现，月球迅速成了太空计划在地球低轨道之外的首选目的地。

关于未来走向的第二个思路，很多长期关注太空航行的人肯定十分熟悉，那就是载人飞往火星，那也是很多人长久以来梦寐以求的。NASA 也希望从“哥伦比亚号”的悲剧中再一次完成凤凰涅槃，将人类送往其他行星。平心而论，并非所有的机构都是在这个方向上努力的，例如比尔·雷迪关于月球基地的研究就展现出对重返月球的坚定支持。当然，也确实有很多人是更倾向于探索火星。罗伯特·祖布林提出的“直取火星”架构中也有把航天员升空和货物升空分开来做，以及利用“火星资源”生产推进剂等内容。不过，无论怎样切分任务，载人火星之旅仍然是一项太过宏大的工程，在程序上、技术上的需求都远远超过重返月球的需求。

在 2003 年的大部分时间里，我对这些情况还基本一无所知。然后，到了那年 11 月，在夏威夷举行的月球基地倡导者聚会上，我们偶然举行了一次会议。在那次会议中，我介绍了月球两极光照情况的研究成果，以及那里的阴影区域存在水的证据。印度科学家纳恩德拉·班达里也出席了会议，他向大家介绍了正在筹备中的印度首次探月任务“月船 1 号”。这颗小卫星的尺寸跟“克莱门蒂娜”相仿，我立刻对印度的这项计划产生了亲切感。在会议的茶歇时段，我找到班达里，问他“月船 1 号”的团队是否打算将飞行成像雷达作为探测器有效载荷的一部分，去测绘月球两极的那些暗区。他回答说，他们考虑过搭载一台这样的雷达，但是这种雷达太重，还相当耗电，并不适合这种小型的探测器。我则向他介绍了我们团队为将这种雷达小型化而付出的努力；我们团队有信心将成像雷达的重量减少到 10 千克以内，功率也降到 100 瓦以下，这些数值都比普通的雷达低一个数量级。他听后，答应向印度报告这一情况，然后给我反馈。

随着时间的推移，太空科学圈子里让人兴奋的传闻越来越多，说太空领域很快就要有重大消息发布了。最初的传言称，在当年 12 月，也就是在莱特兄弟于基蒂霍克首次飞行一百周年之际，小布什总统将推出一项崭新的重大航天计划。但是，这个纪念日到来了又过去了，没有任何大新闻发布，这让一些人猜测，相关的计划遇到了麻烦。其实，这项计划只是停留在了最终的审查阶段。新构想提出，在航天飞机退役后，一种更为经济实惠的载人太空飞船将接班，这就是“航天员考察船”（Crew Exploration Vehicle，CEV），其具体形式和规格尚待确定。这种替代的航天器成本更低，由此让许多地球低轨道之外的探索任务得以成行。那么，到底要去哪儿？

月球凭借其距离上的接近，以及已经探知的资源，为新计划提供了尽早取得成果的可能性。但比这更为重要的是，探索月球能为人类以尽量低的成本和尽量早的时间登上火星提供参考。“太空探索图景”概略叙述了准备在月球上开展的活动：重新登月是为了在那里生活得越来越久，以此来学习如何就地取材制造出有用的产品。换言之，这次重返月球的重点一是在月球上的持续生存，二是建造“航天员考察船”。

利用在太空中的发现来获得各种创新本领和可持续生存能力，都是新计划的亮点。但是，许多观察家依旧只把重返月球看作载人火星考察任务的序曲。其实，NASA现在有了新的方向，有了在“哥伦比亚号”的灾难之后重新出发的可能。对月球科学家和月球开发倡导者们来说，新版的“太空探索图景”让他们得以重访那个向往已久的地方，并且会带来新的技术，使人类能够在除地球外的其他星球上长期生存。而火星探索被调整成了“远期目标”。可是，随着计划的推进，月球科学家们很快就发现，尽管“太空探索图景”提供的大方向是明确的，但它的工作并没那么容易开展。

第五章

喜得新图景，多舛终抱憾

2004 年 1 月 14 日，小布什总统在造访 NASA 总部时公布了“太空探索图景”。这项规划几乎是白宫和 NASA 一整年的成果，它为美国航天计划的目标与方向观念的重建指出了一条战略路径。“太空探索图景”由 4 项主要任务组成：仍旧利用航天飞机的飞行，完成国际空间站的建造工作；开发和建造一种新的载人飞船，即“航天员考察船”，它最终要淘汰航天飞机；将太空计划定位在月球上，以“在月球生活和工作得越来越久”为目标；最后则是把人类航天员送上火星。这些分步任务各自的最后完成期限并没有被指定，只是其中重返月球被鼓励“最早在 2015 年，最晚不迟于 2020 年”完成。

新版的“太空探索图景”的宣布让许多人措手不及。整体上看，大多数关注太空计划的人士的反应似乎是积极的。在随后的工作中，有一个委员会负责研究如何实施新的空间活动规划，并在半年之内提出各种备选的方案。

这个委员会的第一次会议于 2004 年 2 月在弗吉尼亚州阿灵顿的一座办公大楼里举行。当时，我是约翰·霍普金斯大学应用物理实验室的科学家。其他委员有行星科学家劳里·莱欣和玛丽亚·祖贝尔、天文学家尼尔·德格拉斯·泰森、前国会议员鲍勃·沃克、上将莱斯·莱尔斯、前交通局副局长迈克尔·杰克逊，以及惠普公司首席执行官卡莉·菲奥里纳。委员会中的大多数人曾在各种太空咨询委员会任职，所以知道外界对委员会有哪些期望。在第一次会议上，委员会的成员轮流做了发言，准确地评估了大家在完成任务和规划方面所持的共同立场。大家都支持“太空探索图景”并对其表示兴奋，而且每个人也都表达了一种关注，那就是怎样才能为这个计划的可持续性想出一个强有力的理由。或许我所在的小组有点过于乐观了，认为可以在报告中阐明这样的理由，让它既能作为我们建议的逻辑基础（无论它是什么），也能帮助宣传“太空探索图景”。

小组的工作以一系列演讲开始，依据 NASA 的各种行政法规（包括空间科学、载人太空飞行等方面）。这些提纲挈领的演说意在让全体组员了解组内的各个部门在这项任务中面对的挑战，以及他们准备做出的回应。当时在小组中担任太空科学副主任的埃德·韦勒做了这个系列中的第一次演讲。在他的某一张幻灯片上写着这样的要点："在月球上的活动将控制在最低程度，也就是仅限于那些可以对载人飞往火星的任务起到支持作用的活动。"这一提法令人感到意外，毕竟"太空探索图景"的主要目标之一是学会如何在月球上生活和工作得越来越长久。很明显，韦勒及组内的其他几个人（尤其是空间科学部门的专家）对"太空探索图景"的理解，与我的理解不同。随后很快，"太空探索图景"中涉及月球的部分被逐渐淡化了，而且朝着纯粹把月球当作火星任务试验场的方向走去。这种思想认识上的"脱节"可以追溯到世纪之交的那几年，当时 NASA 有个"十年规划团队"（Decadal Planning Team，DPT）——后来也被称作 NEXT，即"NASA 探索团队"（NASA Exploration Team）的缩写，该团队在当时 NASA 局长戈丁的领导下，负责制订越出地球低轨道的载人任务的分步计划，其最终目标就是登陆火星的任务。尽管戈丁专注于火星，但"十年规划团队"的注意力还是集中在地月空间内部的一些近期目标上，包括"拉格朗日点"

（即那些在地球、月球和太阳的力学关系之中保持相对固定的空间位置），还包括月球表面。此外，去往小行星的任务和去往火星的任务也都在考虑之内。航天机构依旧把目标锁定为火星，这个想法在整个“十年规划团队”中普遍存在。所以说，在“太空探索图景”之前的任务计划中确实也有对月球任务的考虑，但不是重点。

虽然到了 2000 年科学家知道了月球两极的沉积物中可能有固态水，但是在月球表面利用极地沉积物生产液态水的设施建设依然不在月面开发建设的议程之内。此外，“克莱门蒂娜”的一个关键发现，即月球两极附近拥有准永久性的日照区域（它们持续存在于月面）虽然得到了认可和赞赏，但生产液态水的设施建设还是没有被纳入月面实际操作计划的考虑中。在“十年规划团队”“NASA 探索团队”存在的那些年里，NASA 没有什么超越国际空间站和航天飞机的举措。可以说，他们的研究成果虽然在讨论“我们可以开发何种能力”的方面是有趣的、有用的，但无法实施，甚至无法被整合到任何长期战略之中。

在这个时期，航天机构努力的重点是对地外生命的搜寻，这既包括实际去寻找其他星球上的生命迹象，也包括以“追寻”作为探索地球低轨道之外空间的行动理念。在某种程度上，这是正在与之并行发展的火星无人探测计划的自然产物。然而这种思考模式意味着，一旦考虑由载人飞行的任务，在月球表面的活动就往往会被忽视（当时很多人觉得月面探险活动与对生命起源的研究基本没有关系）。去火星上寻找生命的这种执念，让 NASA 无法将人类在月球上的活动视为载人火星任务准备过程中的技术演练。因此，到了“太空探索图景”正式发布时，虽然其中有大量的措辞用于详细说明科学家打算在月球上开展的活动，但 NASA 仍然只想着最终的目的地，即火星。这样，此前那种对“寻找生命”的热情就延续了下来，成了新的“太空探索图景”的基础科学理论根据。

正如我最初阐述的那样，“太空探索图景”其实是有所侧重的，而且这种侧重是有新意的。在这一规划中，月球作为实验室、车间和物流仓库而出现。其内含的想法是，要学习如何利用太空里的资源（包括月球两极储藏的水）去创造载人太空飞行的新能力。许多人误解这一种想法。对月球在“太空探索图景”中的作用，他们表述成“把火星探测器送到月面上，进行测试并加油”。其实，月球在“太空探索图景”中的重要性在于，可以利用它来开发对今后的任务有用的诸多技术，并且可以开发月球资源，为飞往更远处的目的地提供燃料。这种理念，才是“太空探索图景”的真正用意。

这个委员会在代顿、亚特兰大、旧金山、纽约和华盛顿特区举行了公开会议，收集了这些地方的专家们提供的信息和佐证，以便让大众了解他们对人类航天事业前进方向的关注和期待。该委员会下属的各个小组实地考察了NASA设在第一线的各处航天中心，意在了解是不是需要所有的“中心”都去实施“太空探索图景”，或是否可以采用一些与以往不同的管理模式去提高 NASA 的运作效率。为了评估商业部门在“太空探索图景”的实施中可能发挥哪些作用，该委员会从航天工业领域收集了数量可观的信息。

2004 年 7 月，委员会发布了报告。尽管这份报告提出的建议合理、适度，但其中最终得以实施的不多。委员会关于加紧将货物和人员送入地球低轨道的想法，最终催生了“货运和乘员商业化”（Commercial Cargo and Crew）计划。像“螺旋式发展”这样的工程管理领域的流行语开始受到热烈欢迎，不过这种热情并未大幅度推进这一过程。

不论人类如何重返月球，第一步的任务明显是要发射无人设备，以跟进“克莱门蒂娜”和“月球勘探者”在月球极地方面的发现。人们要以高精度、高分辨率绘制月球表面的全图，创建一个战略知识数据库，为未来任务的规划和执行打下基础。随后，一纸通知传向了科学界（它也被称为“机会公告”，或称 AO，即 Announcement of Opportunity），呼唤一种能跟随“月球勘测轨道飞行器”任务飞向月球的仪器。在许多新的研究标准中需要一种数据，要“在月球极地的冷阱中，以约 100 米的空间分辨率，识别月球表面浅层的、疑似固态水沉积物的富集区”。在约翰·霍普金斯大学的应用物理实验室，我所在的团队为满足这一需求设计了一种成像雷达。团队还提议放飞一种体积更小、能力也弱些的雷达，它适合印度空间研究组织（Indian Space Research Organization）准备实施的“月船 1 号”月球任务，也将搭载这个探测器升空。该雷达将进一步为月球两极附近的阴影分布情况和陨石坑密集区域绘制地图。研究月球极地陨石坑内部的雷达回波特性，来确定那里是否蕴藏着固态水，这些地图信息都是不可或缺的。

出乎我们团队意料的是，不仅这个叫作 Mini SAR 的雷达获得了印度方的同意，登上了“月船 1 号”，还有一台叫作“月球矿物绘制仪”（Moon Mineralogy Mapper，M^3）的光谱成像仪也跟它一起入选了。而美国的“月球勘测轨道飞行器”任务为推断月球上的水资源分布，选择了俄罗斯的中子探测器。相关专家表示，这种设计可能无法以“机会公告”要求的高分辨率去描绘月球极区的氢元素分布。经过一番争论，迷你雷达获得了跟随“月球勘测轨道飞行器”升空的资格，但只被安排为该探测器的“技术演示”项目。

“月船 1 号”是印度执行的第一次深空探测任务，印度人为他们越出地球低轨道的第一艘探测器感到十分兴奋、骄傲。这艘探测器的个头不大，与“克莱门蒂娜”差不多，但它的能力很强。它不仅携带着可以高精度成像的相机，还带有能测绘月面矿物分布、化学成分情况的仪器。“月船 1 号”上搭载的两台美国仪器，即我们的 Mini SAR 雷达（由约翰·霍普金斯大学的应用物理实验室制造）和“月球矿物绘制仪”（由 NASA 喷气推进实验室制造），几经周折也获得了美国的强力支持。于是，需 Mini SAR 雷达完成的实验也成了第一个由美国主动提出并被印度航天任务选中的科学实验。

在后来整整 4 年的时间里，我去印度出差了十几次。每次出差单程就要耗费大约 26 小时，而在印度待短短几天我就得返回美国。两国之间近乎 12 小时的时差让我的生物钟凌乱得惨不忍睹，不过，跟同行愉快的合作抵消了我身体的不适。项目启动后，我们团队要参加不计其数的会议，讨论在太空中进行实验的具体工作。每个系统、每个部分的细节都要在会上描述清楚，讨论妥帖。我所在的团队作为科学家，在设计、装配和测试环节必须承担的工作是很少的，只负责确定并设置仪器的参数，以及制订数据收集计划。不过，在通常的情况下，团队的工作任务会集中在飞行期间和飞行之后，那时候数据已经传送回了地球，团队需要将其优化、基准化并予以阐释。不少科学家觉得，飞行前的麻烦工作只不过是为了飞行后那些有趣的工作而付出的必要代价。正如许多人猜想的那样，只要探测器的发射顺利，那么所有这些计划和努力也都会轻松地成功。

而在“月球勘测轨道飞行器”上就多了一些挑战性。这个飞行器上的雷达以两种无线电频率，在两种不同的地面分辨率下工作，但 Mini SAR 雷达和无线电频段微型仪器（Mini RF）基本上是相同的。在发射时间方面，“月船 1 号”的预定发射日期比“月球勘测轨道飞行器”大约早一年。团队希望能从“月船 1 号”获得月球两极的完备数据，这将有助于团队筹划用“月球勘测轨道飞行器”上的无线电频段微型仪器去从月面一些更有趣的区域取得高分辨率数据。如果任务延长，并且幸运的话，团队甚至可以收集到足够制作整个月球表面的雷达反射图的数据，把月球上的坡地分布情况搞得清清楚楚，并且可以定位那些表面呈锯齿状的岩滩。

“太空探索图景”在 NASA 的命运：任务是什么？

虽然我的大部分精力用在了两台雷达上，但我还在 NASA 的一些咨询和分析小组兼职处理“太空探索图景”月球阶段的实施工作。新的“勘探系统任务部”（Exploration Systems Mission Division，ESMD）开始设计相应的航天器（它叫“星座计划”，即 Project Constellation），这些任务将是新的太空计划的一部分。

NASA“勘探系统任务部”的负责人是克雷格·斯泰德尔，他是从其他项目调到“太空探索图景”这边的。他原来并没有航天方面的管理经验。当时，在大型工程项目的运作中，流行一种称为“螺旋式开发”（Spiral Development）的管理技术。这种“螺旋”要求有 4 个连续的阶段，即确立需求、分析风险、构建并测试，以及对结果进行评估。4 个阶段之后的产品，会成为下一个“螺旋”中要改进的“初始材料”。这个过程也可以叫作“构建一点，就测试一点”，其理念是：在获得重要的经验和测试数据之前，不追求最终版本的产品，以便找到最可靠的设计方案。

所以，NASA 的“太空探索图景”从第一步开始就很缓慢。需求不断被提出，技术的研发如同在白纸上画地图一样，出成果的速度也进一步下降。许多不同领域的科学家和工程专家花了大把的时间聚在一起，讨论新的航天飞行系统必须能够完成什么、以什么顺序完成和以多高的保真度完成。于是，他们要开发出复杂的电子表格，并且用五花八门的技术、工具和知识去把它填满。这种开发模式的缺点在于，务实的分步进程经常被定义问题的过程所取代，所以关键的决策步骤一直在被推迟，等待着“更棒的定义”或“对需求的更充分的理解”。

“太空探索图景”公布之后的时期里，倒是有一项活动被特别强调：比尔·雷迪组建了一个非正式的研究小组（成员来自他手下的一些工程师和专家），研究实施该“太空探索图景”的可能途径。本来 NASA 内部有“红”“蓝”两队研究人员竞争的机制，他们也提出了以月球为目标的“碰一下再走”（Touch and Go）的理念，但雷迪组建的这个叫作“黄金团队”的小组以研究“太空探索图景”的非正统实施方法为任务。该小组负责探讨地球低轨道之外载人飞行新技能的问题，也兼顾让航天飞机恢复飞行以完成国际空间站建设的问题。

“黄金团队”发现，假如在策划时早点儿做出某些必要抉择，以下这些任务都是可以顺利实现的：航天飞机复飞并完成国际空间站的建设，以及开发一种新型的载人航天器。所有这些都以 2015 年之前重返月球为目标。他们的方案最重要的特点是保留发射航天飞机的基础设施，以支持复飞、建设空间站这两个阶段性目标，然后利用这些技术制造“航天飞机式侧装重型发射装置”（Shuttle Side Mount Heavy Lift Launcher），这种从航天飞机变形衍生出来的运载工具会使用航天飞机的发动机，也同样拥有外部油箱和固体火箭助推器，而且可以使用卡纳维拉尔角的所有现役基础设施。它的一大优点是使用现有的部件即可制成，所需的技术开发工作量已经最小化。很显然，“星座计划”被取消，在于其第一次飞行的日期不断被推后。如果 NASA 选择沿着“黄金团队”的规划走下去，我们就能如期完成国际空间站的建设，并让航天飞机准时退役，而新型的航天飞机式侧装运载工具也能在 2015 年准备好带着航天员上天。

“黄金团队”提出的方法有个优点：通过改造和发展航天飞机的设计，制造出侧装式的运载工具。这样就可以把大部分开发精力集中用在最需要的地方，那就是新的“航天员考察船”及一个强大但不载人的月球任务先行计划。在这个阶段，“航天员考察船”的样子并未确定：它可能采用“阿波罗”计划里那种太空舱的形状，因为它最终要加入“星座计划”，成为“猎户座”（Orion）宇宙飞船；但也可能使用更加灵活的“弯曲双锥形”（Bent Biconic）设计，这种形状有着空气动力学的考虑，与商业航天器“蓝色起源”（Blue Origin）的形状相似。“弯曲双锥形”的设计还可以用于为登陆火星的飞船制造先行探路器：这类探路器利用相似的空气动力学形态，能够在反推的作用下以尾部朝下的姿态落地，于是就能在航天飞机发射场这类的地点实现安全的软着陆。从国际空间站的设备衍生出来的可分离式乘员舱，将作为地月空间的通勤运载工具。

最初版本的“太空探索图景”提议建立一套宏大的无人探测器任务计划，而“黄金团队”更进一步，要通过这些任务在月球上建立基础设施。他们打算让一个大型的机器人着陆器通过太阳能电力推进（Solar Electric Propulsion，SEP）和编组的大型太阳能电池板，从地球低轨道慢慢地一圈圈转到月球，然后使用液氧液氢火箭（LOX Hydrogen Rocket）将数吨物资运到月球表面并降落。卸货之后，一个可移动的着陆器平台就会分离出来，为“太阳能电力推进”供电的大型光伏设备编组则会成为月球前哨站的基础发电设施的一部分。通过这种模式，我们将启动月球表面永久性前哨站的建设过程，而这个前哨站最终会被航天员使用。有了机器人在月球上预先部署生态环境及其次级系统，就可以减小载人乘组系统的规模。“黄金团队”对机器人飞行任务的创造性利用，与NASA通常的做法截然不同。NASA的机器化飞行任务主要用于获取科学数据和工程数据，围绕着这个目标设计载人飞行器；与之相对，“黄金团队”主张把机器人飞行任务与载人飞行器及其飞行任务紧密联系起来，齐头并进。

尽管“黄金团队”的实施方案值得赞扬，但雷迪并没有权利要求NASA敲定这些选择。斯泰德尔和勘探办公室的成员对这项工作有所了解，但还是坚持采用他们自己的“白纸画地图”和“螺旋式开发”方法。就此事而言，他们的方法带来的只能是最终发射任务的无限期推迟。他们的各项努力中，推进到了实际飞行阶段的只有“月球勘测轨道飞行器”这一项，它也是在各个航天国家向月球派出机器人为科学考察“打前站”的浪潮中第一个实施的此类任务。

新的“掌门人”和“科考系统结构研究”

2005年初，肖恩·奥基夫宣布自己决定离开NASA，去路易斯安那州立大学当校长。迈克尔·格里芬被任命为

NASA 的新一届局长。他上任时已经拥有引人注目的工程学背景和管理经验，并拥有 7 个高等学位。我在“综合小组”的时候就认识他了，当时他是这个小组的一位高级成员；并且我在“克莱门蒂娜”项目中也接触过他，他在那次任务中担任“战略防御规划组织”的技术副主任。日久见人心，他无论过去还是现在，都坚定地倡导一种充满活力的、视野开阔的载人航天计划。在“太空探索图景”推出前后，他领导过一项由“行星协会”（Planetary Society）赞助的研究，这项研究对地球低轨道之外的载人飞行任务架构做了概略阐述，主要满足的是载人登陆火星任务的具体需求。这个计划有一个值得关注的地方：它要使用从单个的航天飞机固体火箭助推器发展出来的载人火箭。这一创新引起了许多议论，这些议论随后又发展成了争论。

格里芬觉得，NASA 用了近 18 个月的时间去“白纸画地图”、搞“螺旋式开发”纯属浪费时间。格里芬引进了斯科特·霍罗威茨，他是退役航天员，也是工程师，秉持一种叫作“木棍”（Stick）的设计理念，即以固体火箭助推器为基础的运载火箭。为了让自己的理念成真，格里芬在担任 NASA 领导之后最先着手的事情就是召集一个专门研究小组，为地球低轨道之外的飞行任务设计一个架构。这项工作名为“科考系统结构研究”，从 2005 年的仲夏开始，持续到秋季。其首席工程师是乔治亚理工学院的道格·斯坦利，他的团队成员主要是来自 NASA 总部和 NASA 第一线航天中心的工程师们。我也是这个小组的成员，但我的工作只涉及在月球表面的活动和各个备选着陆点的识别，至于有关这个架构所要用到的航天器和运载火箭的任何重大决定，我都没有参与。

团队的研究工作始于对新式太空运输系统的需求及其使用方式的一系列假设。研究人员接受了“‘哥伦比亚号’事故调查委员会”（Columbia Accident Investigation Board，CAIB）的建议，在设计中将航天员和货物分开。大家觉得这样做才是安全的，尽管没有谁对其给出过真正合理的论证。这个基本规则影响很大，因为这意味着：采用航天飞机式的侧面安装设计来设计运载火箭，可能需要三次发射来完成一次月球任务，而不是两次。

“科考系统结构研究”给航天发射的架构问题提出了一个有意思的解决方案，有些成员将这个方案称为“1.5 运载火箭”。简单说来，这项研究建议开发两种不同的运载火箭：一种是与行星协会的“固体火箭助推器式”火箭相同的小型（20 吨）火箭（也叫“战神-Ⅰ”，即 Ares-Ⅰ），用来运载航天员；另一种是较大（130 吨）的火箭，是由航天飞机衍生出来的直列式运载火箭（也叫“战神-Ⅴ，即 Ares-V”），用来携带货物和较重的有效载荷。这两种大小不同的运载工具可以用这两个绰号来区别。每次飞行任务都将使用这两种工具：月球着陆器和“地球出发级”[10]（Earth departure stage）都将通过“战神-Ⅴ”发射；而航天员将乘坐较小的“战神-Ⅰ”单独出发。两艘航天器将在绕地球飞行的轨道上对接并驻留，然后再飞向月球。任务程序中的其他部分则遵循与“阿波罗”计划相同的模式，包括进入绕月轨道、月面着陆、离开月面、交会，以及航天员乘坐“猎户座”飞船返回地球。不论是“猎户座”还是“牛郎星号”（Altair）月球着陆器，都是“阿波罗”计划的指令-服务舱和登月舱的增大版、增强版而已。由于“星座计划”的航天器外观和任务步骤与“阿波罗”计划相似，格里芬曾将这种架构称为“吃了类固醇的‘阿波罗’计划”，这个令人遗憾的特性至今仍有余波。

“科考系统结构研究”的报告于 2005 年 10 月发布，但未获得广泛好评。有许多人注意到，这个新计划与过去

---

[10] 译者注：“地球出发级”这个术语不易意译，但直译又容易引起误解，这里解释一下。这一级火箭的用武之地并不是把飞船送离地面，而是给那些从地球低轨道出发飞向更远处的飞船提供加速度。若严格遵循其意义，应该叫“地球低轨道出发级”。

的“阿波罗”计划有着相似的模板。固然，这个新计划将带来相当强的航天能力，但这类让各次飞行之间相互独立、大多数部件只在使用一次后就被丢弃的构想，实际上是把我们拉回到了航天史的早期。它和“阿波罗”计划的飞船一样，只有指令舱（“猎户座”）返回地球，其他的都不回来。这些任务将搭载更大一点的乘组（4个人），他们在月球表面作更长时间的停留，其中最长的为两个星期。“牛郎星号”月球着陆器的巨大容量，意味着可以把大量货物运到月球上，从而用尽量少的发射次数完成前哨站的建设。

要了解“科考系统结构研究”的架构，一个重要的方面是其重型运载火箭“战神-Ⅴ”，它的起飞重量是130吨，但可以扩展至160吨。它是为实现完全从地球上出发的载人火星任务设计的，所以承担月球任务虽然是没问题的，但也只是偶然的结果。登月任务需要往地球低轨道上运送100～120吨的载荷（确切数字取决于飞行任务的配置方式、携带设备和具体目的地）。这既可以通过发射两次中等级别的重型运载火箭（70吨，采用航天飞机侧式安装）来完成，也可以通过发射一次大型运载工具（“土星5号”那个等级）来实现。“战神-Ⅴ”的体量比例行的月球任务所需飞行器的体量大得多。但是，如果需要把500吨的火星航天器部件运送到地球低轨道，就应该尽量减少发射次数，这样才能大大降低整体上的运输风险。显然，问题的种子已经埋下，那就是以“阿波罗”计划的视角去构想太空飞行的未来（包括“用完即弃”的航天器和从地球发射所有载荷的做法）已经变得负担不起，因此不能持续实施，直到目前也还是这样。比这更重要的是，它放弃了“太空探索图景”的出发点，那就是学习如何使用月球上的物资和能源去产生新的太空航行能力。

约翰·马伯格在 2006 年 3 月做了一次关于“太空探索图景”的演说。我就自己的见闻而言，马伯格的这次演说对“太空探索图景”的意义和普遍开展太空飞行的理由所给出的说明是最好的。在一年一度的“戈达德太空研讨会”上，马伯格发表讲话，严谨细致地阐述了太空飞行在物理上的困难，并解释了为什么月球会在创造航天新能力方面发挥至关重要的作用。他还指出，月球离我们很近，易于到达且有开发潜力，被选定为“太空探索图景”的核心目标；火星作为一个目的地，是为未来的行动保留的，我们掌握了所需的航天新能力、新技术之后就可以去。

不过很明显，NASA 内部很少有人听到或读到马伯格的演讲，因为 NASA 或许误解了他们在“太空探索图景”中的使命。2006 年 4 月，华盛顿举行了一次“探索战略研讨班”（Exploration Strategy Workshop），来自多个国家的大约 150 名太空领域的专家参加了这个为期 4 天的会议，以明确人类为什么要去探索月球，并讨论实现相关目标的最佳方式是怎样的。研讨的议程是完全开放的，只要服从“科考系统结构研究”提出的架构特点，在其局限性范围之内就可以。“太空探索图景”已经提出了两年，NASA 才决定召集一群人去提出重返月球的理由，并刚刚开始设想我们在到达月球后要进行哪些活动。

与会者们用了 3 天时间议定了一系列事项，为重访月球制定了 6 个主要的“主题”：人类文明、科学知识、探索筹备、全球伙伴关系、经济扩容、大众参与。他们还从这 6 个涉猎甚广的主题出发，制定了一个细化到各项具体要求和活动的“网格”，包括 186 个条目，由此确定了后续的“月球建设团队”（Lunar Architecture Team，LAT）将得到哪些支持。虽然“科考系统结构研究”指定了硬件和任务框架，但严谨地讲，这些东西将如何使用、它们将在月球上以何种顺序进行哪些任务，还都是尚未确定的。需要处理的诸多议题包括：月球上的哪些地点值得探访、究竟是打一次前站还是安排多次访问、要进行哪些调查项目、它们的实施顺序怎样安排，等等。“月球建设团队”

由科学家和工程师组成，他们每年会召开几次会议，但大多数时间是在自己平时所属的研究院所里进行工作。托尼·拉沃伊在 NASA 设于亨茨维尔的马歇尔中心担任工程师，他也是第一届“月球建设团队”的主持者。我和他曾经合作策划了第二次月球机器人探测任务（后来被取消），那次任务本来应该包括一个着陆器和一部探测仪，目标是测绘月球两极附近那些永久不见阳光的地区的冰层。我们团队通过“克莱门蒂娜”和“月球勘探者”对月球极地的环境有了一些了解，而不久后的“月球勘测轨道飞行器”任务将把这类知识的更多细节带给团队，让团队能为月面上的活动选择最佳的着陆位置。

“月球建设团队”的第一个成果是坚实的、值得维护的，特别是他们在任务模式和活动内容优先级方面的结论。其中最重要的决定是，重返月球行动的目标是在月球两极中的其中一极附近建立前哨站；至于具体选择哪一极，将根据“月球勘测轨道飞行器”和一些月球车收集来的数据另行研究决定。建立前哨站的首要价值在于：它能允许我们把物资集中在那里，由此迅速获得施展拳脚的能力。与之相对的另一种思路是实施分阶段的探访，那样做可以勘查更多的月面地点，充分了解它们之间在地理和地质上的巨大差异。但是，由于每个地点在探测之后就搁置了，这样做不利于把物资集中存放。分阶段的思路是“阿波罗”计划的一个扩大版；而前哨站的思路意味着永久性的（或至少是长期性的）月球驻扎，以及有机会建立工厂级别的资源处理设施。拉沃伊与NASA内部的许多人不同，他清楚地理解“太空探索图景”的真正含义：重返月球，是为了拓展航天能力、更好地在太空中生存而学习必备的技能。在他的带领下，“太空探索图景”自被公布以来，第一次开始朝着更契合其初衷的任务迈进。

“月球建设团队”尽管有不少正确的举动，但它仍然必须活动在NASA系统之内。因此，我们描述需要在月球上开展哪些活动、处理哪些事项时，仍然需要填写一个多达186项的表格，我们戏称这个表格为“死亡电子表格”。这个表格的作用，就是把“月球建设团队”的工作从其主要任务方向“建设一个资源处理前哨站”分散到NASA的一项“云山雾罩”的月球探索任务中去。最不可告人的是，对月球“碰一下再走”的理念慢慢又向工作架构的“真实”目标偏移，那就是以火星为目的。这个转变主要发生在第二轮的任务规划中（这一轮工作还被很有想象力地命名为“月球建设团队二”）。到了这个回合，分阶段式的任务成了新的基准。在一定程度上说，这是NASA的一种表态，那就是对 2006 年 12 月公开推出的“月球建设团队”的抗议。这些抗议的人非常担心在月球探索上耗费太多的时间和精力，从而耽搁了他们设想的“阿波罗”计划式的火星“冲刺”探索。这段时间内，“在我有生之年到达火星”的愿望成了一种习惯性的表达，但这种要求是源于怎样的程序性原则呢？反正我是没看出来。无论如何，在航天机构内部和外部，各种主张“向火星冲刺”的力量已经开始回击了。

最初的“月球建设团队”在 2006 年底提交的报告代表了“太空探索图景”的高峰水平。尽管 NASA 的许多人仍然拒绝去准确地“理解”为什么要去月球，但是一个坚实、合乎逻辑的行动计划已经制订出来了。“月船 1 号”和“月球勘测轨道飞行器”任务的进展都顺风顺水，我们为了绘制月球两极区域地图而建造的无线电频段微型成像雷达工作也十分顺利。“月球勘测轨道飞行器”的设计重量有所增加，已经超出其原定的“德尔塔Ⅱ型”运载火箭的运输能力，所以我们采购了一部具有更强载荷能力的新式“阿特拉斯”（Atlas）助推器。也正因此，勘探系统任务部要寻找一个可行的附加载荷物，以便搭乘“月球勘测轨道飞行器”飞上月球。NASA 的艾姆斯研究中心提出了一个想法：将“阿特拉斯”火箭的一次性末级系统“半人马”（Centaur）撞向月球两极中的一极，由一个后续的小型航天器观察前者撞击引发的羽状喷溅物。这与先前于1999 年实施的“月球勘探者”任务并不一样，那次虽然也由撞击溅起了尘埃，但当时只是使用地球上的望远镜对其观测。如果月球上真的有固态的水，我们希望能从那些羽状喷溅物中观察到它们。这项附加的任务就是“月球陨坑观测和遥感卫星”。它的设计存在一些风险，因为撞击点可能会错过那些存在着冰层的区域，或者虽然有冰被喷溅出来但没被观察到。不过，这项任务还是值得尝试的。事实证明，这次任务就是让我们第一次获知月球极地表面真相的任务，也是迄今唯一的一次。

“太空探索图景”的削弱和陨落

随着月球在航天规划中的地位“降级”的趋势越来越明显，“星座计划”遇到的技术问题也越来越多，所需的载荷总量也越来越大，由此不可避免地碰到了预算危机。问题之一就是新的“猎户座”航天器的大小。为了给人数更多的航天员团队提供厨房和厕所等设施，NASA 在“科考系统结构研究”进行期间做出决定，采用直径达 5 米的运载工具（“阿波罗”计划的指挥舱直径是 3.9 米）。更大的飞船可能会让地月空间中的航行变得更加令人愉快，但我们也为这样的舒适付出了高昂的代价。规模和重量的双双增加，意味着“猎户座”的运载能力超过了“战神-I”（即“木棍”）的运载能力。人们试图通过给“战神-I”增加一个固体火箭发动机段，让第一级火箭分为5个区段来解决这个问题，但由此又发现，要让载荷顺利入轨，必须得给飞船增加一个服务舱发动机。这个道理，很像航天飞机必须用一个轨道操纵引擎来最终确保进入它应该进入的地球低轨道。这个问题还伴随着工程师们对“推力振荡”（Thrust Oscillation）的担忧。“推力振荡”是指“战神-I”第一级的固体推进剂发动机在燃烧阶段发生的一种高频率振动——大家担心，火箭上升时，在航天员可以主动决定是否放弃飞行的那个关键的时间窗口内，这种高频的振荡可能会让他们出现暂时的失能，从而无法思考和判断。诚然，这些问题都有解决方案，但问题在于其中没有任何一个方案不增加载荷量、不增加成本。

“猎户座”的基本问题在于，它作为往返地球低轨道以便支持国际空间站（属于“科考系统结构研究”基本规划的一部分）的通勤工具来说，“个头”实在是太大了，哪怕作为地月空间内的运输工具也还是太大。更糟的是，如果把它用作火星飞船，它的能力又不足，仅可以在火星任务的两个阶段发挥作用：机组人员离开地球的阶段、返回时再入大气热层的阶段。为了实现长距离飞行，“星座计划”必须拥有一个独立的生活舱，但是这样的需求就让“猎户座”无法提供厨房和厕所，因为那样会让它的尺寸变得更大。所以说，我们当时是在（现在仍在）开发尴尬的新型载人宇宙飞船：它就其初期任务来说太大了，而就其未来的预期任务来说又太小了。

随着技术问题的增多，早期的牺牲品之一就是月球无人探测器的计划。第二次派往月球的机器人式探测器本该是一个带无人月球车的月面着陆器，它旨在追踪从绕月轨道上发现的水，并测量月面水资源的类型和储量，这都是开发水资源所需的关键信息。其他的机器人任务则计划负责安装诸如通信中继站之类的基础设施，以便人类可以在月球极地和背面着陆，或负责测试月球资源提取技术，例如在月面上生产水。由于“星座计划”的发展问题造成的压力，所有这些任务都被推迟到“以后”，最终变成了“永远不做”。“太空探索图景”中包含“实施一系列以月球为目标的机器人任务”这个具体方向，它是重返月球的一部分，而机器人任务的推迟则是对该方向的一种打击。

几乎不再有人认为NASA会承诺彻底实施“太空探索图景”。但在许多人看来，NASA并没有尽全力来利用传统的硬件资源。“战神”作为运载工具是基于航天飞机硬件改造出来的，但它要成为一项全新的设计还需要太多的修改。考虑到体积过大的“猎户座”存在的问题，大多数人甚至不打算去开发它必要的伙伴——同为庞然大物的“牛郎星号”月球着陆器，“牛郎星号”作为一个自成生态体系的、可供人类登月并居住的着落器，以及一个自动化的、向月球运货的工具，其体积也是惊人的。关于“星座计划”的抱怨越来越多，这种抱怨最初来自航天圈子里的那些“戏园子观众”[11]；随着时间的推移，这类批评也出现在了更大的范围中。

与此同时，已经获得批准的两次机器人探月任务仍在进行中。2008年秋天，我再次前往印度，这次去的是钦奈（Chennai）以北的斯里哈里科塔发射场，印度的火箭在这个位于印度半岛东海岸的综合中心发射。斯里哈里科塔发射场坐落在沿海的一片沼泽式平原上。2008年10月

[11] 译者注：原词为peanut gallery，直译为“花生座席区”，指美国杂耍盛行时代的剧场里最便宜的座席区，那里的观众通常购买作为低档小吃的花生，喜欢议论演员并向台上投掷花生表示对演出水平的不满。

22 日，在季风带来的几天降雨停歇之后，“月船”终于飞向了月球。当起飞的火箭向东飞越印度洋时，我有一瞬间还看到了它穿破云层疾驰而去的神奇模样。经过 4 天的飞行，“月船”飞进了环绕月球的轨道，并开始将数据传回地球。11 月初，我到班加罗尔的飞行任务控制中心领取第一个数据集，当时下载的数据对应的范围是一个长条形地带，显示着月球北极附近的一些环形山内的情况。随着仪器持续工作，我们团队的第一个测绘周期在 2009 年 2 月初开始，到了 3 月底，团队获得了月球两极的几乎全部的图像。要想理解这些数据表明了什么情况，还需要几个月的时间去分析。后来的结果显示，在月球极地附近的部分陨石坑中，确实存在为数不少的固态水（见图 5.1）。

2008 年 11 月，奥巴马当选为美国总统，这又给“星座计划”和“太空探索图景”的命运带来了新的变数。在竞选期间，奥巴马没有明确是否支持太空计划，太空探索的支持者们在奥巴马就职时持有的是谨慎乐观的态度。被任命为 NASA 负责人的是前航天员查尔斯·博尔登，而太空探索的倡导者、有“宇航母亲”之称的洛丽·加弗坐上了第二把交椅。

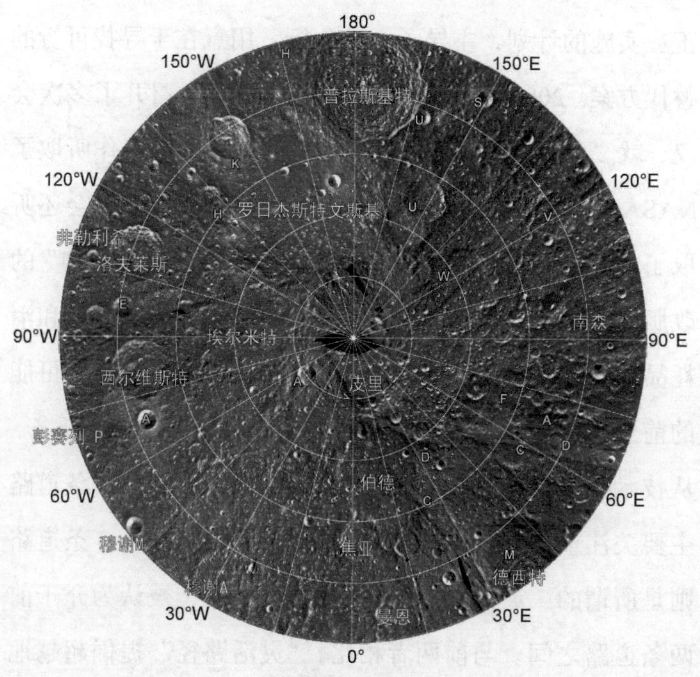

图 5.1　微型无线电雷达图像拼接出的月球北极景象。在月球北极点附近一些有着内部明亮的小环形山内，可能充满了水结成的冰。月球两极可能各有不少于 10 亿吨的冰。

新的 NASA 领导团队做出的第一项太空事业决策是任命一个委员会去审查航天规划，研究讨论究竟是把目前的努力继续下去还是调整目标和实施方法。该委员会以诺尔曼·奥古斯丁的名字命名，奥古斯丁委员会针对 NASA 正在实施的计划，主导了一次分析，用意在于寻找可行的替代方案。2009 年的整个夏天，这个委员会召开了多次会议，就“星座计划”旗下正在进行的各项开发工作听取了 NASA 工程师们的汇报。在这期间，奥古斯丁委员会还听取了 NASA 其他部门的汇报，汇报人员有从事“战神”的改版工作的，还有研究在月球上就地取材生产推进剂和消耗品的价值的。在委员会提出的报告中，概述了 3 条可能的前进道路：第 1 条道路强调的是把人送上火星的任务，从技术角度上看，想实现它还需要很长时间；第 2 条道路主要关注重返月球，被认为是老掉牙的说辞；第 3 条道路则是所谓的“灵活路径”（Flexible Path），被认为介于前两条道路之间。与前两者相比，“灵活路径”提倡超越地球低轨道，到月球之外的一系列地方去旅行，但其中不包括火星表面。具体可选的旅行目标包括拉格朗日点、近地小行星，以及火星的某颗卫星。实际上，这就是 NASA 的“十年规划团队”倡导的那条进步路径。“灵活路径”的明确优势在于它的所有备选航行目标都不是大天体，因此可以随之逐步开发深空航行系统，同时无须开发航天着陆器。但委员会认为这 3 条前进道路都不够可行、预算都负担不起。

对于这个结论，各界的反应天差地别。很多人把它看成对“星座计划”架构的一个打击，但事实上，这份报告指出，被选中的“星座”的架构将能达到最初设定的预期目标。然而，要让“星座”按照既定的步调实现它的各个目标，还需要加大投入。奥古斯丁委员会的“灵活路径”架构也得到了很大的关注。这个架构承诺了短期内的技术开发，并承诺在未来某个时候前往某些暂未具体说明的目的地。有人认为这个思路很好，但也有一些人指出，按常理来看，一套太空计划不应该出现这种模糊的目标和没有具体期限的时间表。

作为 NASA 第一长官的查尔斯·博尔登公开发表了评论，表明他并不迷恋“太空探索图景”的各项目标，特别是那些涉及月球的目标。他对重新前往月球持批评态度；至于载人飞往火星的任务，他虽然表示强烈赞成，却也认为完成这项任务在成本上和时间上都还很遥远。他表示，无论载人航天事业选择了哪个新的方向，他都不愿意让这个方向今后再有什么改变。总统的科技顾问约翰·霍尔德伦则表示，他希望 NASA 主要负责对整个地球进行监测，而监测的重点是从太空视角跟踪气候变化。显然，NASA 和美国载人航天计划的方向和前景正在发生明显的变化。

2010 年 4 月，奥巴马在佛罗里达州的肯尼迪太空中心发表演说，呼吁以载人前往小行星为重，未将月球作为重点。这一新道路的公布，终结了“太空探索图景”。更重要的是，这也标志着美国民用太空计划的所有战略方向的终结。不可思议的是，倒有一个规模相对较小的、此前已经存在的计划被定为了美国太空计划的新方向，那就是更好地发展往返于国际空间站的商业性货物的多次补给。而创建一套持久的、可持续发展的航天基础设施的理念已经一去不返了。或许人们仍然想要到一些新的、充满异星风采的遥远目标上去留下足迹，但具体是到哪里去、在什么时间去（或许是很遥远的未来），都变得不重要了。

但是，“太空探索图景”已经获得过两项各自独立的授权，一次是在 2005 年，另一次是在 2008 年。2010 年，美国为新的重型运载火箭制定了一些详细得令人惊讶的规范，指导 NASA 将原“星座计划”中的“战神”火箭改造成一种新的重型运载火箭，名叫“太空发射系统”(Space Launch System，SLS)。“猎户座”被保留下来，以便开发一个新的载人太空计划。

NASA 的规划团队研究了地球低轨道以外各种潜在的载人任务方案，包括以拉格朗日点和近地小行星为目标的任务，但无法判定出一个既能大大提高美国的航天能力，又确定可以实现的任务。结果 NASA 采纳了一个奇特的想法：要捕获一颗小行星并将其送到月球附近，让它绕月运行。这个想法被命名为“小行星返回任务”（Asteroid Return Mission，ARM）。它想以新的“太空发射系统”发射“猎户座”飞船，让航天员乘坐飞船到达这颗小行星。但这个想法也未受到太多支持。尽管美国仍在考虑有可能实施的火星飞掠任务，以及登陆火卫一、拉格朗日点的任务，甚至重返月球，但既没有接受“小行星返回任务”，也在未来备选的目的地上莫衷一是。

重整旗鼓

所以，目前美国的太空计划并不明确。美国对重返月球这个目标或者与之不同的其他目标，理解得都不够深。在“阿波罗”计划期间，人类获得了登陆月球的经验，结果许多人（包括执行太空计划的一些人）也想象不出人类还可以在那里做出什么与“阿波罗”计划的航天员们不同的事情。他们觉得，航天员在月面上跳来跳去，收集了一些石头，驾驶了一辆月球车，还摔了许多跟头，这些就可以了。将“星座计划”描述为“吃了类固醇的‘阿波罗’计划”并没能让人们理解和领会到在重返月球这件事上还存在新的、令人兴奋的可能性。

正如科学家已经看到的，来自月球极点的新数据表明，可以在那里通过切实可行的办法，去获得关键的能源和资源。要得到这种回报，就需要科学家重新思考前往月球和太空的目的。“太空探索图景”是一次尝试，它要测试一种新的航天运行范式：人类不再从地球上带来所需的一切，而是要学习如何在太空中取得物资并且用好它们，以便在地球之外装备自己，让自己在途中获得新的能力。也可以说，人类要尝试打破围绕着地球的后勤保障链条，成为真正的太空物种，这一努力有可能为人类带来上不封顶的航天本领。

人类前进的最佳途径是什么？那个最初的计划，也就是利用月球的资源去创造新的宇航本领的想法，是正确的吗？人类可以做些什么，去推动超越地球低轨道，真正在太阳系的疆域里畅游？为什么甚至可以说这样的事情不难做到？我希望接下来的几章能对这些问题做出回答，因为下面我会探讨关于未来的民用航天的一些事实、潜力，以及一些切实的可能。

第六章

探月为至重，三因且详谈

在各种探索太空的尝试中，月球的重要性就像月相盈亏那样起起伏伏。尽管在过去30多年中有很长一段时间忽视了月球，专注于对火星或小行星进行载人或无人的空间科学探索，但重返月球的逻辑从未被驳倒过。毫无疑问的是，月球将在任何超出地球低轨道的人类航天计划中占据首要地位。

过去对月球上的“任务”的尝试性定义，或者说，对人类探索月球的各种理由的筹集，产生了形形色色的主题和目标，其中2006年“NASA探索工作组”（NASA Exploration Workshop）给出6个主题和186个目标。其实真的没有那么复杂。下面，我尝试拨开这种迷雾，从根本上说明为什么月球不仅仅是重要的，而且对长期航天飞行能力的发展是至关重要的。无论人们定下哪一种长期的航天目标，月球都能在帮人们实现这些目标上发挥关键的作用。月球的价值源于它的 3 个根本属性：距离近、奥秘多和实用性。我将依次论述这 3 个属性，评估它们对太空探索和航天事业发展的重要性。

距离近：容易到达，价值就高

月球是地球的天然“伴侣”，“地球-月球”组成一个小系统，这个小系统像一颗独立行星那样绕着太阳运转。所以，月球永远是最容易到达的地外天体，这与其他更远的太空目标（比如行星和小行星）形成了鲜明的对比：那些目标都具有独立绕太阳运转的轨道，因此只有在某些较短的时期（称为“发射窗口”）之内出发才能最有效率地到达。以火星为例，其良好的发射窗口（即能量转换的需求量最小，或者说速度变化量最小的发射机会）大约每 26 个月才有一次；其他目标如近地小行星，发射窗口可能会更多，比如每几个月一次，但每次“发射窗口”只持续几天甚至几小时；还有些目标的“发射窗口”比火星的“发射窗口”更加稀少。

而去月球不存在这个问题，想走就走。当然，50 多年前，“阿波罗”系列任务的发射是在非常紧凑的时间窗口内进行的，那是因为要保证登月舱降落在月球上时正处于当地的早晨时分：阳光在月面上投射的阴影能把那里的地面起伏清晰地呈现出来，防止飞船碰撞。在未来的月球前哨站的建设中，我们首先要放置在月球表面的物品之一将是一个“灯塔”，当然它其实是一个无线电设备，让未来的着陆器不论在月球的白昼还是黑夜都能够“盲降”。那样的话出发和到达时间也就更加容易计算了，它们不再由天体运行机制决定，而是可以按照飞行系统管理者的操作时间表去执行。一系列的无线电信标，将会发展出一个完全自动化的飞行系统，这个系统可以在地球与月球前哨站之间运送人员和货物。

要接近和到达月球，有多种各具特点的飞行轨道备选。从地球直接出发，所需的速度变化量最大，将耗费大约 3 天的运输时间。略做修改的话可以节省一些总能耗，同时增加大约 1 天的旅途时长。分段到达的飞行方案则使用拉格朗日点或者“月球低轨道”（离月面更近的绕行轨道）作为分段节点。这种方法的优点是，复杂系统的各个部分和所需资源可以在分段节点上组装起来，月面任务可以从那里开始。“阿波罗”系列任务的飞船系统使用一条月球低轨道（高度 100 千米，圆形）作为分段会合区。而如果使用某一个拉格朗日点作为分段会合区（通常使用 1 号拉格朗日点，即月球正面的中心上方约 60 000 千米处）会有许多好处，包括当水的产量达到特定水平时作为月球出口产品的编组区域，以及供地球和月球之间持续进行视距通信。最后，可以使用高效率、低推力、高能量的技术（比如太阳能电力推进），通过“慢船”（Slow Boat）运输路线，运送大量的有效载荷。这些路线呈螺旋态势，直径会越来越大，最终足以到达月球，用时在几星期至几个月之间。虽然它们在途中要多次通过范艾伦辐射带（Van Allen radiation belt），但由于只携带货物而没有人，所以不会有危险。

即便在月球旅行期间发生严重问题，也只需要几天就能返回地球。而在去往行星的任务中，要回地球就需要几周或几个月，甚至更长时间。所以说，中止任务的能力对载人航天任务的计划也是至关重要的。这一点在 1970 年 4 月“阿波罗 13 号”飞行期间得到了最为有力的证明。当时，服务舱里的氧气罐发生爆炸，导致飞船的电气系统瘫痪，指令舱也无法运行。由于登月舱仍然附着在飞船上（他们当时正在去往月球途中），航天员们得以将其当作“救生艇”使用，用了 3 天时间在月球周围绕转并返回地球，保全了性命。飞船出现安全问题或其他操作方面的问题后中止飞行的能力，将月球目的地与其他行星目的地鲜明地区分开来。由于新系统的可靠性尚有待实践检验，月球的这一特点在太空事业发展的早期阶段具有巨大的优势。毕竟一旦发生灾难性的航天员牺牲事件，就可能导致正在推进的计划暂停，在某些情况下甚至会导致计划彻底夭折。

与地球之间通信的便利性，是月球的另一个优势。时间延迟很小，对于载人航天任务来说不仅仅是方便，甚至是事关操作的核心条件。与位于月球上的目标，或者距离与月球差不多的目标通信时，无线电往返的时间还不到 3 秒。这个延迟虽然明显，但很好应对。月球距离上的延迟不长还有一个关键的优点，那就是有利于远程操作机器人。这些机器人将替人类筹备和建造月球前哨站的基础设施，并收集资源，提取、存储和处理水，如果机器人不能自动完成这些任务，它们也可以按照来自地球的远程操作指令在人类的监督下完成。而对火星上的机器来说，由于无线电传播的延迟有数十分钟，即使是最简单的任务，也很难通过人类的远程操作来完成。相比之下，由于月球距离地球很近，人类能够近乎实时地操作位于月面上的设备。

月球与地球间的距离近带来的优点很多，它堪称任何比地球低轨道更高的载人航天工程的首选目的地，这既合情理，又很务实。首先在月球上学习如何在太空中操作事物，可以更轻松、更安全地建设人类的太空能力。有了从月球上获得的经验和能力，当人类向着更远的目的地进发时，也将更为自信和娴熟。借用月球来取得这些能力和技巧，正如我们小时候在学习行走之前先要学会爬行。

奥秘多：月球的科学价值

月球承载的科学价值，在太阳系中的各个天体中可以说是独一无二的。它是漫长的演化进程的记录器，是一个古老的天体，包含着从 40 多亿年前开始形成的、未曾加工的材料，它身上铭刻着自己的历史和附近的宇宙空间的历史。月球的环境可以让人类在此进行物理学和生物学领域在别处做不了的实验，它作为一个天然的实验室还可以帮助人类了解太阳系的创生过程，以及太阳系目前在如何影响行星的地质演化。

月球的地质历史复杂而漫长，可以用来研究行星早期的演化过程。根据“阿波罗”计划的数据，科学家发现月球这个天体也有分层的结构，它有金属的核心，还有月幔层和月壳。这种 3 层分明的结构，正是太阳系诞生早期整个月球处于熔融状态的结果。如果像月球这么小的星球都可以出现内部的分层，那么所有的类地行星也都可能有这样的经历。对月球的早期地质史的研究，可以作为解释所有岩质行星历史的一个指南。月球记录了整整一个地质纪元的事件，那个纪元的证据在地球上已经消逝于地表的各种动态侵蚀之中。月球在经历了分层化之后，还遭遇了持续不断的轰击，袭来的物体小到微观颗粒，大到小行星——这些碰撞自然也在月面留下了小到肉眼看不清、大到像小行星的众多陨石坑。虽然我们已经大致掌握了这个作用过程，但它物理和化学方面的详细过程依然没有弄清楚，特别是与它们尺寸状况相关的一些问题。月亮上大量的陨石坑在启发着我们的研究灵感，提供着无数个关于这一过程的例子。

数十亿年前，月幔的内部高温产生了大量富含铁的岩浆，这些岩浆上升到月球表面，形成了规模巨大的玄武岩喷发。熔岩构成了月海，也就是月球表面那些暗色的、光滑的低洼地带。月海集中在月球的正面（其原因科学家至今还没弄清楚），组成各个月海的古代熔岩流多达数百股，它们的成分、体积和年代多种多样。通过了解各股熔岩在时间上的先后顺序、它们发源的区域及成分的变化，科学家可以重建月球内部深处的热量、成分的演化过程。同理，由于火山活动在类地行星上无处不在，对月球的了解，有助于科学家更好地理解这个遍布太阳系的过程。

月球在过去的 30 亿年中，其主要地质过程是持续不断地受到微小颗粒的轰击，即恒定的“微陨石雨”。这些微小颗粒像一个巨大的“喷砂机”，把月球表面的岩石研磨成细粉状。这层分解了的破碎岩石就是风化层，它暴露于太空中，因此也有来自月球以外的颗粒隐藏其间。由于月球既没有大气层，也没有全球性的磁场，来自太阳和周围宇宙空间的等离子体和高能粒子流就可以直接冲击其表面，嵌入其表面的尘埃粒子之中。所以，月球在悠久的地质年代里，留下了关于太阳物质喷发和星际物质输出的独特、详细的记录。

这些颗粒最常见的来源是太阳风，这是一种主要由质子组成的物质流，它与月球尘埃粒子碰撞后会黏附在一起。由于这个碰撞过程稳定地持续着，我们可以从古老的月面风化层中回收属于历史上不同时间的太阳粒子，并用于重建太阳粒子和星际喷出物质的模型，这跟考察古老的地质状况是一样的道理。而当一个古老的风化层被熔岩流淹没在底下时，情况会比较特殊。在这种情况下，被熔岩覆盖的风化层变成了一个封闭系统，后续没有粒子被打入其中。保存在这种封闭系统中的太阳风物质堪称古代太阳的“快照”，其历史可以追溯到属于古代风化层上下的边界岩石单元（Bounding Rock Unit）的年代。

月球上可以探查的风化层至少覆盖了过去 40 亿年的时间范围。太阳的活动是地球气候的主要驱动力之一，随着我们复原出历史上的太阳物质输出状况，这些在月球上可以获得，但在地球上任何地方都无法获得的信息帮助科学家了解太阳历史上的周期性事件和特异事件。对“阿波罗”计划取得的样本进行研究后得出的一些初步结果表明，远古的太阳中，氮的各种同位素的比例与现在不一样，这是一个目前的恒星演化理论无法解释的、令人困扰的现象。太阳和其他行星还有更多意想不到的秘密，正嵌在月球上等待着被我们发现。

月球很古老，又与地球距离很近，因此它的表面不仅保留了自己被轰击的记录，还留有地球被轰击的痕迹。大型天体的碰撞对地球的地质演化、生物演化都产生了很大的影响，而且长期的碰撞存在着近似周期的规律。研究这些碰撞的性质和历史上发生的时间，可以作为预测未来事件的基础，而人类的生存在很大程度上离不开这种预测。月球表面的撞击记录，对于科学家认识这种灾难性事件是无比重要的。在已知年龄的月面区域内对大量的独立陨石坑进行年代测定，可以确定陨击的流量是否真的存在周期性。这种周期性的陨击强度变化可能推动了地球上的生命进化。

由于月球没有电离层，并且月球背面是太阳系中唯一已知的可以长期屏蔽来自地球的无线电噪声的区域，如果把射电望远镜设在月球背面，就可以探测到在地球表面或地球低轨道上发觉不了的低频电波。月球表面几乎没有震动，所以适合架设极其敏感和精密的仪器，例如分析可见光波段仪器。使用这类技术的望远镜一旦组成阵列，就可以实现毫角秒级的角分辨率，而这种精度将允许我们直接观察附近恒星表面的黑子，并分辨出绕着它们运转的类地行星的圆面。这些能力，将彻底改写我们对恒星和行星系统演化路径的理解。

最后，月球环境本身也是一种具有重大价值的科学资产。它的绝对真空和极端热环境，可以支持一些独特的材料科学实验。月球的重力很弱，使我们可以定量地研究微重力环境对物理和生物现象的影响。月球也是一个遗世独立的消毒环境，使我们可以进行那些涉及有害物质和有害过程的实验。我们可以在月球表面建立设施，用于进行一些危险的实验，而在地球上做这些实验是不明智的。

这些独有的特性，让月球成为科学实验工作中一份无与伦比的资产。

实用性：月球相当有用

关于月球，虽然前述的两个属性已经十分重要，但它最大的价值还是在于适合我们开发其资源和能源，以获取新的航天本领。使用其他星球的材料来充实自己，为太空飞行提供补给和支持，是一个很早以前就有的想法，但到目前为止还没有尝试过。单凭这一项活动的发展，就足以让太空飞行的范式发生彻底的变革。目前，在太空中要用的任何东西都必须以巨大的成本运输到地球轨道，通常每千克物资要花 1000 美元至 10 000 美元。而且，不论运输的是什么，成本都是这个水平：运 1 千克高科技电子设备是这个钱，运 1 千克的水也是这个钱。如果能从太空中的原产地取得一些资源（例如水、空气和火箭推进剂），就可以花更少的钱去完成更多的事情，这就是为什么要去调用地球之外的资源。如果使用业务术语来说，这叫作“就地资源利用”。人类要想成为真正的航天物种，就必须掌握这类技能。

虽然提取和使用月球资源的物理、化学机制很简单，但要想将“就地资源利用”纳入任何一种航天规划，都面临着很大的阻力。这种阻力背后的原因很多：从对相关处理过程的不熟悉，到工程设计中自然而然的保守性。在最初的“就地资源利用”工作中，将只实施最简单的处理，例如推起风化层以便在降落场周围形成防爆护堤，覆盖居住地点用于屏蔽辐射，另外还可以把月球极地的风化层加热以提取固态水。这些活动都是简单的、低风险的，可以为前哨站的基础设施提供实用产品。开始“就地资源利用”所需的技术，即使与 18 世纪的日常工业技术相比，也并不复杂。

月球上的资源很单纯，需要的处理很少。大块的风化层（月球土壤）具有多种用途，比如屏蔽辐射和热量，也可以用于建筑。松散的月壤不仅可以按原样使用，也可以通过微波加热进行烧结，或利用太阳能进行加热（比如使用聚光镜），以熔合成陶瓷类物质，或制成聚合体充当建材。只要使用安装在流动站上的微波加热元器件，就能将风化层烧结，然后用于修建道路和着陆场地。风化层的这些灰尘颗粒的表面包覆着一层细小的、气相沉积的自由铁元素，一遇到微波处理，就会熔进砖块和陶瓷中。这种“涂层”会使得电磁波的能量有效地耦合进来，并转化为热量，让颗粒间的界线熔化消失，成为玻璃状物质。只要一台功率水平与厨房普通烤箱相当的微波设备，就可以将风化层表面融合成几厘米厚的硬质路面或着陆场地面。这种烧结的风化层结构，可以根据需要制造得很大或很长。还可以利用 3D 打印技术将细腻的风化层物质变为零件和结构件。

月球的两极，蕴藏着人类在月球和太空中长期生存所需的关键资源。它们拥有两个在月球的其他区域找不到的关键属性：固态水（和其他挥发性物质），以及几乎全天候享有阳光的区域。我们已经借助多种遥感技术验证了月球固态水的存在，包括：氢侦测、近红外和紫外波段的反射，激光反照率，雷达探测和物理撞击等。除了作为太阳系中最丰富的太空挥发性物质的水，月球极地的冰中还包含其他的挥发性物质，比如甲烷、一氧化碳、氨、硫化氢和一些简单的有机分子。所有这些挥发性物质都可以进行化学处理，以支持人类在月球上的驻扎。

当然，月球上总共存在多少水、多少其他挥发物，以及它们的水平分布、垂直分布是怎样的，还有各种固态化学物质的具体物理形态又是怎样的，这些等待解答的问题还有许多。这些挥发物可能来自月球外部——含水物体撞击月球，比如彗星核和一些富含挥发物的流星体。因此，它们是以极慢的增速，在真空环境和非常悠久的历史中沉积起来的。这种混合沉淀物的成分，可能既包括多孔的灰尘颗粒，也包括无定形（非结晶）的冰。在天体物理学中，这种混合模式被称为"奇幻城堡结构"（Fairy-Castle Structure），是太空中材料常见的状态。

在照不到阳光的区域，冰很稳定，周围环境温度也很低，通常低于-169℃（104K），在某些情况下甚至低至-248℃（25K），并且在月球两极都有广泛分布。典型的阴影区位于环形山的内部，但有时也只是山影的延展区域。这些"冷阱"内同样可能含有冰，但根据目前的证据看，这些冰的分布并不均匀（见本书第 153 页图 5.1）。此外，因为月球土壤是一种极好的隔热体，所以在那些虽有阳光照射但阳光不太强烈的区域里，土壤下不深的地方也可能存在大量的冰沉积物。

我们需要调查潜在的可开采区，以确定其资源含量和品质等级，最适合使用小型无人月球车来完成这项任务。这种车辆可以穿越月球两极区域，并测量许多地点的冰含量及其成分。月球两极的阴影区与明亮区彼此相邻，斜射的阳光在那里同时形成两种区域。虽然没有绝对"永久"受阳光照射的区域，但是月球两极附近的某些区域每年接受阳光照射的时间超过九成。将太阳能电池组安装在高高的桅杆上，可以增加其受照时间，而这种可能性也是当前研究的课题之一。在这些地点建立的前哨站，几乎可以恒定地生产电力——在没有阳光的时段，也可以通过存储的电力来衔接，例如可充电的燃料电池就能蓄电。

这些“准永久”阳光区的另一个优点是它们的气温比较温和。在月球的赤道地区，长达 14 个地球日的白昼可以把那里的月面加热到高达 100℃。而一旦进入同样长达 14 个地球日的黑夜，月面可能又要承受低至-196℃的寒冷。也就是说，最冷和最热的时候相差多达 250℃。如此高温要求人们为设备系统配置冷却机制，而如此低温又要求人们对可动的部件予以加热。但只要到了靠近月球两极的阳光地带，自然照明就始终处于“掠射”状态，也就是说太阳只是绕着地平线旋转，月面温度则稳定在-50℃左右。在这样的环境下，维持复杂机器的热平衡所要消耗的能量达到最小。当然，由于高磨蚀性粉尘的普遍存在，机器部件可能会被磨损，使其停止运行。可以说，极端的温度环境是我们在开发月球资源方面面临的一项最大的技术挑战。目前，针对这些困难提出策略，也是科学家正在深入研究的课题。

除了两极可用的恒定太阳能之外，月球还含有一些将来可供生产能量并用于月面和太空的物质。月球正面西半部的几个区域含有较丰富的放射性元素钍，可以当作核反应堆的燃料，用来产生电力。通过几种核反应，“钍增殖反应堆”生产的燃料足以供其自身运转，这让人类有可能在月球上建造出太空反应堆。人类依靠核电，就能在漫长的月球夜晚里生存，并且在月球的赤道和中纬度地区居住。充足的电力供应，也使在月球上建造大规模工业成为可能。

还有人提出，在更遥远的未来，通过提取被太阳风嵌入到月球风化层里的稀有同位素氦-3，就可以在相对更“环保”的核反应中获取电能，这种反应不会产生多余的中子，也不会产生“肮脏”的反应废料。氘（氢-2）与氦-3的核反应会产生少量的中子和带正电荷的氦离子，这会比标准的氘-氚（氢-3）核聚变更有效率地转化出电能。事实上，这种方法的一个变体——氦-3与其自身（两个氦-3原子组成的分子）聚变，根本没有任何有害的副产物。假如可以找到足够丰富的同位素来源，氦-3聚变就可以解决全世界的能量问题——地球上的天然气中虽然也含有这种物质，但含量极低。

当然，有人建议从月球风化层中开采出氦-3，然后运回地球，用于商业发电活动。这个想法面临着双重困难。其一，人类还没有能够燃烧氦-3 并使之发生核聚变的反应堆。无论是启动这个反应，还是随后适度限制它并保持其反应强度，都需要很多的能量。到目前为止，人类的技术无法使核聚变反应长时间稳定运行，即让这个反应释放的能量多于启动它所需的能量。关于这个问题的研究已经持续了几十年，未来数年内人类还是不太可能实现核聚变发电的商业应用。其二，虽然月球风化层中存在氦-3，但其浓度小于十亿分之二十。当然这种低浓度只是月球赤道附近月海中的采样点的数据，科学家还不知道月球极地挥发物中的氦-3 浓度。从月海土壤中提取氦-3 将需要开采和处理数亿吨的风化层物质，虽然人类的资源加工规模最终确实可能达到这个水平，但在月球居住的早期阶段人类的资源加工规模是不可能有这么大的。月球上蕴藏的氦-3 经常被说成是那里的终极“矿砂”，近期（大约 20 年）内不太可能开采，但若在四五十年的时间尺度上谈论未来月球事业的发展，它就变得非常重要。

宇宙中最有用的资源是水。自然形态的水可以供人类饮用、恢复脱水食品、冷却设备、给栖息地保温、隔绝辐射，并满足医疗卫生的使用需求。电流可以使水分解成它的组分——氢和氧。这些气体可以储存起来使用：氧气可用于呼吸，氢和氧可以在燃料电池中重新结合，产生电能。通过这种方式，水也成了储存能量的媒介。并且氢和氧可以冷却成低温液体，成为火箭的燃料，这是已知的最为强大的化学推进剂。由于水有这些实用价值，所以水可以说是航天飞行中的“通用货币”。

而月球上真正的“黄金城”，是由固态水和月球极地附近的准永久阳光区组成的。那是一个已经探明的、包含着可供开采使用的资源和能源的地方。在那里，人类可以学习成为太空永久居民所需的能力和技术。

为什么不是火星？

事实上，从航天机构的内部人员，到从事航天器工作、任务执行或数据分析的所有人，都认为火星是载人太空飞行的“终极目标”。在被众多科幻小说和关于火星是一颗类似地球的星球的想象鼓舞了几十年之后，科学家们终于在 1965 年研究了真正的火星，结果发现那是一个遥远、寒冷、干燥的沙漠世界，几乎没有大气层。又经过许多年的一系列后续任务，人们知道了过去的火星可能是更加温暖和潮湿的，这导致人们认为那里可能孕育过微生物形态的生命。单这一个念想，就决定了后来将火星确定为载人航天的“下一个目的地”的做法。如果有人想在火星以外的某些太空目的地推进一个涉及载人的想法或概念，就必须证明它能“向前推进”到“终极目的地”——火星。

人类的技术还不能把航天员派到火星上去。载人航天计划已经实施过长时间的太空飞行，建造过一种重型运载火箭，并在月球上成功着陆，但出于种种原因，人类登上火星要比上述这些事情困难得多。火星与地球之间的距离，远远超过月球到地球的距离（40 万千米），前者是后者的 140～1000 倍（5500 万千米到 4 亿千米）。没有已知的方法可以缩短旅途时间，大部分的无人探测任务需要飞行 9 个月。长期的微重力环境可能引起航天员生理失调，虽然这个问题已经从国际空间站的飞行经验中得到了部分解决，但是航天员要这么长时间暴露在真正的宇宙辐射和偶尔发生的太阳粒子事件之中，还是需要某种类型的屏障。航天员还需要呼吸、吃饭、喝水，所以这些消耗品必须随飞船携带。火星比月球大（它的重力大约是地球重力的 3/8，而月球重力仅仅是地球重力的 1/6），因此在火星表面安全下降和着陆也需要消耗更多的能量。这些问题在回程时同样存在。火星的“重力势能”更大，意味着需要更大的着陆器和更多的燃料。虽然火星也有一个大气层，但它比地球大气层稀薄 100 倍左右，所以不能仅仅依靠空气阻力来减缓航天器降落的速度，还需要一个不可或缺的推进装置。这就是所谓的“EDL”（进入、下降、着陆）问题，是科学家目前尚无解决方案的课题之一。

火星大气的成分基本就是纯二氧化碳，因此不能供人们呼吸，而且火星大气很稀薄，因此航天员需要穿上增压服，且火星大气层不能彻底隔绝宇宙线和太阳的紫外线辐射。火星也没有像地球一样的磁层，这意味着它表面的辐射很强烈，限制了人类在其表面进行探测的时间长度。火星上的土壤非常细腻，可能由黏土矿物组成，并且含有高氯酸盐和其他高度氧化性物质，因此似乎具有高度的化学反应活性。航天员如果吸入这些土壤（一些灰尘也会不可避免地被航天员带入船舱），就可能会导致他们的肺部支气管遭受腐蚀。此外，在微重力环境下飞行数月之后，人体很难应对火星表面的重力。

人类火星任务的最大困难是在这项任务开始的时候。为了运载机组人员在旅途中所需的燃料、消耗品、设备和车辆，需要向地球低轨道发射 500～1000 吨的载荷。将这么多东西送入轨道需要 8～12 次重型运载火箭发射任务，每次发射可运送的重量大约为 130 吨。但大部分重量是该次行程所需燃料的重量，其中又有一大部分燃料在航行开始的时候就被用掉，以将火箭送入绕地球运转的轨道。但这还不是全部的问题。刚才介绍的是以低温氢和氧为燃料的情景，如果要使用可存储的推进剂，则所需的重量会是原所需重量的 2～3 倍。而在物资被运送到绕地球轨道上之后，在等待最终的火星任务时，超低温的冷冻燃料将很快因太阳的加热而沸腾。所以，想在轨道上一个适当的位置获取足够的燃料将是一场与时间的赛跑。目前，科学家无法解决载人火星任务在巡航阶段将会遇到的着陆器中燃料沸腾的问题。

在调度多次重型运载火箭发射、协调其有效载荷时，还会出现其他一些问题。以美国为例，卡纳维拉尔角只有两个重型运载火箭发射平台（39 号发射系统），其中一个目前无法使用，因为它被租给了一家私营公司。因此，所有火箭都必须从同一个发射平台升空。要将火星任务所需的所有物资放在同一个地方并且准备好登箭，就必须处理大量的调度问题。过了这些关，还有下一个障碍，即在太空中组装火星交通工具，并且为其灌注燃料。

将人类带到火星的唯一方法是建设一个运输系统，使货物和人员能够在整个太空中进行日常化的运输。想使用“阿波罗”计划那种全力猛攻一阵就收摊的计划来实现这一点是完全不可能的。人类需要学习并获得某些航天技能和本领，包括建造可重复使用的太空运载工具、在太空深处建立分段会合区、就地资源利用，以及使用水资源制造推进剂。人类有了这些能力以后，载人火星任务虽然仍具有挑战性，但会变得更加可行。人类可以借助月球来学习这些技能，在月球上获得这些技术。

为什么不是火星？因为火星太远、太难、太昂贵。

为什么不是小行星？

乍看起来，小行星，特别是近地天体（Near-Earth Object，NEO）似乎适合充当未来载人航天的目的地。这些近地天体处于地球低轨道以外、需要较长的运输时间，因此可以用来模拟未来载人火星任务的时间跨度，而且也从未有人登陆过它们。但是，更加细致的考虑表明，近地天体不是人类下一个太空目的地的最佳之选。

大多数小行星并不靠近地球，而是位于小行星带，也就是火星和木星轨道之间的一个区域。但木星的引力作用很强，有时会扰乱这些岩石星体的轨道，并将它们投入太阳系核心区。在太阳系核心区，小行星通常会撞进太阳或者撞向某颗内行星。若情况介于这两种事件之间，它们就会围绕太阳运行，有时会与地球接近一下。各种不同类型的小行星都可能成为近地天体，但它们通常很小，直径在几十米到几千米不等。小行星没有自己的重力场，所以对它们实施的任务也就谈不上“降落”在一个外星世界上，只能说是在深空中与之交会并驻留。

“近地”只是个相对而言的称呼。这些天体就像地球一样，绕着太阳公转，并且在一年中不同的时间改变着与地球的距离，从几百万千米到几亿千米不等。到达一个近地天体完全不代表有利于接近另一个近地天体。也就是说，在同一次太空旅行中访问多个近地天体是很困难的。而且由于地球和特定近地天体之间的距离变化很大，所以不能“说走就走”，只能在一年中的特定时间段内出发，而且近地天体的轨道特点决定了这些“发射窗口”很少到来，并且持续时间也很短，通常只有几天。此外，地球与近地天体之间的距离决定了二者间的无线电通信也会有比较明显的延迟，在发送和接收之间的时间延迟会达到几十秒，甚至几分钟。

虽然近地天体多达数千个，但其中适合作为载人航天任务的潜在目的地的很少。有两大因素导致了这个情况。其一，宇宙空间非常宽阔，虽然有数千块大岩石，但其分布在数十亿立方千米的空间中，所以整体上也是极为稀疏的。其二，这类物体中，有许多近地天体是人类无法到达的，它们的轨道倾角太大（与地球轨道平面相差太多），或者轨道偏心率太高（在不同程度上，这些天体的轨道都是椭圆形的）[12]，所以它们需要从“地球出发级”上获得的速度变化量太多，后者是难以满足的。考虑了这些因素后，可以作为备选目的地的近地天体数量就从几千个降到了大约十几个。

小行星目标屈指可数，飞一趟也至少要若干个月。有人指出飞向近地天体的任务能使科学家对火星任务所用的系统进行测试，可是这个系统还没开发出来。在飞往近地天体的载人任务中，机组人员几乎得不到来自地球上的任何帮助——除了一条条无线电指令，以及人们的祝福。这种飞行任务必须能自给自足，可现有航天器的能力达不到这个程度。飞行时间太长的另一个后果就是，航天员要暴露在行星际空间的辐射环境之中。这种环境里有两大危险——太阳耀斑，以及行星际的宇宙线。太阳耀斑是指太阳大量喷射高能粒子的一种现象，其发生时间间隔没有规律、不可预测。航天器必须携带某种大质量的屏蔽装置，以保护航天员免受这种致命的辐射，而且这个“风暴掩体”无论走到哪里都不能扔掉。当初的“阿波罗”任务只要飞几天的时间，所以航天员在这几天里遇到太阳耀斑的风险很低。宇宙线的强度比太阳耀斑弱很多，但持续存在。常规

[12] 译者注：轨道偏心率越高，表示轨道的椭圆形状越“扁”。

的宇宙线相对来说算是无害的，但有一部分宇宙线能量很高（古代的超新星释放出的重原子核），会造成严重的人体组织损伤。尽管航天员可以避开一部分这种危险，但他们从未受到万全的保护。

当航天员终于到达目的地后，还会有更多的困难等着他们。许多近地天体的自转速度很快，最慢的近地天体自转一圈所需的时间也就只有几个小时，这意味着只能在这些天体的两极附近接近它们。又因为这些“大石块”的形状不规则，它们的自转也不像行星那样平滑且有规律，而是更像一个摇摆的玩具陀螺。如果航天员携带的东西对它的表面形成扰动，它的快速自转就会将一些碎片甩进太空，从而有撞上载人飞船和航天员的隐患。它们的引力很小，这意味着航天员不可能在它们的表面“行走”，而是只能“飘浮”在它们表面的上方，正像在绕地球运行的轨道上发生的那样。航天员每一次触摸小行星表面的动作，都将导致自身受到反作用力远离其表面。

航天员还需要在小行星上尽快完成工作，没有太多时间可以停留在那里。能在这些“大石块”附近巡游的时间，在大多数情况下只有几天。为什么这么短？因为航天员必须平安回家。近地天体和地球都持续绕太阳运行，需要确保当飞船返回自己的轨道位置时，地球也处在正确的位置。所以航天员实际上做的，只能是花上几个月时间坐一艘飞船去旅行，在飞船中生活的空间也仅仅是一个可以走进去的大号“柜子”，然后在目的地停留很短的时间，接着再花几个月躲在“柜子”里回家。

科学家已经知道小行星是由什么构成的、这些东西是如何组合在一起的，以及它们的表面上有哪些过程正在发生。大多数近地天体的材质就是普通的球粒陨石材质。在有坠落目击者的陨石中，普通的球粒陨石占到了85%。这类陨石很有名，这并不是出于它的多样性，而是出于它的常见性、一致性。球粒陨石被用作化学标准，在分析行星岩石和土壤时，用于测量样本的差异程度及其在地质过程中的化学变化程度。一颗球粒陨石与另一颗球粒陨石的材质差异小到可以忽略不计。

那些一定要通过人类亲自访问小行星去研究的问题，主要围绕的是小行星的内部组成和结构。有些小行星看起来就是个碎石堆，而有些小行星则几乎是个密实的整块。为什么不同小行星的情况有这么明显的差别？如果要使用主动地震测量（声学探测）方法，航天员可以在小行星表面布置仪器和传感器，以解读其内部的密度分布状况。了解小行星的内部结构，将有力地帮助科学家了解这些物体的内部强度。如果有近地天体即将撞上地球，需要将其推离危险轨道时，这些信息将是制定相关策略时的重要条件之一。

前往小行星旅行的另一个好处在于，它们可能拥有潜在的资源。我同意把重点放在“潜力”这个词上。科学家研究这些资源的性质时，最佳的指南就是陨石方面的研究成果，也就是依靠那些已经撞到地球上的近地天体碎片。小行星的资源潜力不在于球粒陨石，而是在于只占少数的、含有更多奇特成分的那些小行星。比如金属小行星占小行星总数的 7%左右，它们由近乎纯净的铁-镍金属组成，也夹杂一些岩石类的物质，但那是次要成分。它们还含有很少量的其他亲铁元素（嗜铁体），包括铂和金。如果有办法将这些金属带回地球，那么金属小行星绝对是一个档次极高的矿床。

然而，从太空飞行的角度去看，具有最大价值的资源还是水。还有一类相对稀有的小行星拥有碳和有机化合物，以及黏土和其他的水合矿物质。这些物质的含水量较高（质量比最高可达 20%），所以如果找到富含水分的近地天体，将创造出一个拥有巨大潜在价值的物资仓库。

小行星的表面重力很弱，作为资源来说这是一个关键的优势，但作为操作环境来说这就是个缺点了。要想进出月球的重力场，在各个方向上的速度变化量都要达到每秒 2380 米；而在典型的小行星上做同样的事情，这个变化量只要每秒几米就可以。这意味着有效载荷如果从小行星而不是从月球发射的话，几乎可以节约每秒 5 千米的速度变化量，相应的能量也就省下来了。从能量可达性的视角来看，小行星作为材料的来源确实可以击败月球。

然而，在极低的重力下工作是个很大的挑战，开采和使用小行星的矿产也还面对着其他不少困难。首先是原料或者说“矿”的性质。月球两极地区的水不仅存量巨大，可能达到数百亿吨，而且还很容易取用，因为它们呈现为冰。可以将冰转化为液体，以最低的能源成本做进一步处理：只要将来自月球极地的含冰风化层加热到0℃以上，里面的冰就会融化成水，并可以收集和储存起来。碳质小行星中的水则与矿物结构有着化学联结，要破坏这些化学键才能释放出水，而这需要很多的能量，至少比融化冰所需的能量多 2～3 个数量级，具体需求量则取决于等待处理的特定矿物相。因此，从小行星中提取水（其储存量为几个百分点到几十个百分点）需要耗费很多能量；月球两极的固态水含量更高（在某些极地陨石坑中高达 100%），并且已经有了易于加工和使用的形式。

从天然材料中提取水包括许多处理步骤：从获得原料到让材料通过整个处理流程，再到收集和储存副产品。在其中每个阶段，通常要将一种成分从其他成分中分离出来；在大多数工业加工中，实现这一点要依靠重力。在小行星资源处理问题上的一大挑战就是很难设计出不需要重力的技术。这涉及利用其他现象比如热对流，或者创建人工重力场来确保特定物质朝着正确的方向移动。但这两种方法都会使资源提取的过程复杂化。

与月球相比，小行星离地球比较远，到达其表面要消耗很高的能量，所以很不适合进行资源提取和处理。人类即使到达这些近地天体，也只能短时间停留，而且无线电通信可能会滞后几分钟，导致无法直接以远程控制的方式进行处理。在小行星上采矿的无人系统，必须要设计得具有很强的自主决断性能。当然，这是有可能的，但目前没有足够的关于小行星自然性质的信息去供科学家设计或设想这种无人机器的使用。此外，即使科学家完全了解矿床的性质，采矿和加工也是需要高度互动的活动，在地球上如此，在太空中依然如此。哪怕是最轻微的异常或误算，都可能会导致整个处理流程中断。如果只凭远程操作，就很难判断、纠正问题并重新启动。

用于路上的能源消耗问题也不利于开发小行星资源。人类不能随意地去往随便哪颗小行星，毕竟其发射窗口时间很短，且在一年中的大多数时间里是关闭着的。这不仅会影响对小行星的探访，还会在航天员离开小行星并把产品运回近地空间的时候导致可用时机缩短。相比之下，人类可以随时往返月球，它的近距离让人类几乎可以实时给予远程控制和响应。远程控制小行星活动的难题曾经引发一些人提出建议，他们想设计一种方法将小行星“牵引”到地球轨道上，然后利用闲暇时间在那里慢慢分解和处理。但我认为这种行为是严重破坏自然环境的行为。

所以，在空间资源的获取和利用方面，人类能使用的还有哪里呢？小行星的资源利用确实有潜力，但鉴于当前的技术水平，它的成功前景并不明朗。小行星很难到达、可停留时间太短、工作环境艰苦，产品规模还不确定。小行星的重力很弱，这是事实，但它既是一种祝福，也是一种诅咒。相比之下，月球已经有了我们想要的资源，其存在形式也正是人类所需的。月球是近水楼台，随时可以轻松到达，并且可以近乎零延迟地从地球上遥控执行操作。人类应该首先去往月球，通过月球水资源制造推进剂，去学习行星资源利用的能力和技术，并了解其难点。这项活动的每一步，从探矿、加工到收获，大都能教给人类如何在未来的目的地开采和加工材料——而这些目的地既包括小行星，也包括大行星。学会如何在月球上获取并处理资源后，其成果就可以迁移到未来的各种太空目标上。

第七章

成事凭理数，运筹有奇瞻

“阿波罗”计划的设计和实施是成功的：它让人类登上月球；至今关于如何尝试重返月球的讨论，有许多也依然在受“阿波罗”计划那具有开创性的经验的影响。不过，“阿波罗”计划是在特定时间、特定地点诞生的，特定历史环境的产物在此之后无法复制。

关于如何将人类活动范围扩展到地球低轨道以外的问题，多年来一直围绕着科学家们。对于该采用哪些步骤、这些步骤的顺序如何，以及如何实现载人航天各个阶段的具体技术需求，有着众说纷纭的意见。尽管其中许多争议属于个人偏好不同的问题，但任何跨出地球低轨道的飞行策划都必须满足一系列共同的要求。下面，我将概述人类太空飞行面对的一些基本挑战、飞往地球低轨道以外的旅行者面对的具体问题，以及解决这些问题的思路。

太空飞行基础知识

火箭的发动机是通过燃烧来产生动力的：存储在推进剂中的化学能被释放出来，并通过喷嘴进行高速喷射。其中，许多环节可以具体选择——燃料和氧化剂的类型、发动机的配置、燃料的流速、燃烧室的几何形状，以及混合比和喷嘴的直径。对同一种火箭发动机来说，这些选择不同，产生的动力水平也就不同。但无论怎样改变这些参数，始终有一些东西从根本上限制着人类从地表进入太空的能力。

航天飞行中的主要限制因素有二，一是重力，二是推进剂的化学键中待释放的能量。科学家对这两个因素中的任何一个都无能为力，因为它们受自然规律的支配。科学家可以做的，最多也只是通过制造多级火箭、改变飞行工具所用的材料类型等，去巧妙地完成工程。调整上述的参数只能算是修修补补，起不到改变基本面的作用。这些基本原理的科学描述叫作火箭方程式，该方程式最初是由俄罗斯的“宇航之父”康斯坦丁·爱德华多维奇·齐奥尔科夫斯基在 1903 年发现的。火箭方程式基本上已经说明，在使用化学燃料的情况下，火箭的质量中大约 80%～99% 是推进剂。这个令人沮丧的结论告诉我们，送进太空的有用质量（也就是“有效载荷”）只能占发射总质量的一小部分。航天员唐·佩蒂特恰当地把这种简单的现实称为“火箭方程式的暴力”，也就是说，进入太空虽然是可能的，但既困难又昂贵。除此之外，运载火箭的质量还要包括其结构件、贮箱和航空电子设备的质量。

为了顺利入轨运行，有效载荷必须沿着精心选择的轨道发射出去，并精确地控制火箭的燃烧水平和燃烧时间。火箭必须飞到大气层以上，到了地面上方大约 100 千米处，空气的阻力就不会使火箭减速了，这一高度称为“卡曼线”（Karman line），即大气层和宇宙空间的分界之处。火箭还必须加速到每秒约 7800 米，在这个速度下，单位时间内飞船行驶路线的曲率会低于地球表面的曲率。一旦满足这个条件，发射的物体就能不断地绕着地球飞行了，也就是说，它入轨了。地球低轨道的高度约 200～300 千米，在这个高度上，大气层的作用仍会微弱地显现，导致航天器的轨道最终会随着时间的慢慢推移而降低。所以，大气阻力最终会让地球低轨道上的卫星重新掉进大气层。为了解决这个问题，卫星也要携带少量的燃料。这些燃料将用卫星自带的微型火箭来燃烧，在卫星的推进器里产生可控的喷射，借助其推力来维持卫星的轨道。

为了使航天器超越地球低轨道，到达地球的高同步轨道（地面以上 36 000 千米）、拉格朗日点，或者月球和其他行星，火箭的燃烧就必须在原有的航行方向上为航天器提供额外的速度。发动机要燃烧，就需要推进剂，但现有的运载火箭在到达地球低轨道时，燃料箱就空了。目前解决这个问题的方法只有将穿越地球低轨道后的行程所需的燃料也当作有效载荷的一部分，但这就进一步减少了剩余可用的有效载荷额度。如果不这样做，那就只能预先在地球低轨道上储存燃料，然后将它们在太空中灌入末级火箭。把一部分燃料也当有效载荷的方法，需要开发前面提到过的“重型运载火箭”，这种火箭的大小没有专门的严格定义，但通常情况下，它能够往地球低轨道运输 50～100 吨甚至更多的东西。“阿波罗”计划时代的“土星 5 号”就是一种重型运载火箭，它可以把 116 吨物资送进太空。它也是美国有史以来建造的最大的运载火箭，其大小是专门用于满足月球载人任务的需求的。它的末级火箭叫作“土星 5 号-B”，带有登月舱和指令-服务舱，以及可以将这整个结构发送到月球的液态氢氧燃料。

还有一个往地球低轨道之外飞行的技术选项，那就是把推进剂存储在宇宙空间里的仓库中，然后从那里添加燃料，奔向更远的目的地。在地球低轨道上建设推进剂仓库的想法引起了不少的关注，尤其是吸引了许多从未真正参加过地球低轨道之外的航天任务的工程师。虽然这听起来是个好主意（事实上，它也是我们最后必须要掌握的技能），但“太空仓库”的概念背后藏着一个假设，那就是我们已经具备“廉价”地从地球发射推进剂的能力，比如通过一些神奇的、便宜的“商业”渠道，将其存储到轨道上。这还只是对这种仓库概念的简化考虑，此外还必须考虑其他的一大批复杂的变量，例如推进剂的蒸发，燃料的转移技术，运送工具的出发、到达、返回的管理问题，以及每次发射推进剂所采用的设施和发射日程表。推进剂仓库是我们最终要使用的东西，特别是当我们准备从月球表面送出推进剂的时候。而目前，这种仓库主要是作为重型运载火箭的替代品。将来，一旦我们开始从月球上生产和出口物资，这种仓库将是在地月空间和行星际空间中飞行的飞船必不可少的“加油站”。

地球提供的一个好处是，可以利用大气摩擦来让返回的航天器减速，这些摩擦力将转变为制动的热能而消散掉。这就使我们不再需要携带帮返程航天器减速用的推进剂，确保航天飞行得以付诸实施。到目前为止，所有返回式的载人航天任务都使用了这种称为“大气再入”的技术。这个概念有一个变体，即“空气制动”（aerobraking），当然，飞船在这个过程中还没有着陆，只是利用大气层把速度减到足以进入环绕行星的轨道而已。尽管“空气制动”尚未在载人任务中使用过，但它已被采用于一些绕金星和火星运转的无人探测器。“空气制动”作为可重复使用、可扩展的系统的一部分，是人类必须掌握的一项技能，有了它才好开发长期性的太空运输系统。

虽然按照火箭方程式的结论，前往地球低轨道的旅行很困难，但目前超越地球低轨道的发射已经越来越多。要往月球轨道上运送 1 千克物资，就意味着必须先把大约 5 千克物资运送到地球低轨道上；而若把这 1 千克物资送到月球表面，则必须先把 7 千克物资送到地球低轨道上，其中大部分是推进剂（当然，实际数量还受到推进系统的种类及其燃料种类的影响）。要建立一个能够常态化进入地月空间（包括月球表面）的系统，可以在空间中定义一些“分段会合区”，一些中转模块应在那里发射，以到达地月空间内的不同部分。可以作为“分段会合区”的地方有：地球低轨道——国际空间站是备选地点之一；地球高轨道——这是个访问通信卫星和气象卫星的实用位置；拉格朗日点——其中最常提到的是第一拉格朗日点和第二拉格朗日点；月球轨道——那里尚有各式各样的可能性。这些位置既可以组装不同的航天器和部件，以便前往下一个目的地，也能成为建立推进剂仓库的地方。由交通节点组成的网络，将保障在整个地月空间内实现持续的、常规的航行。

“火箭方程式的暴力”使太空飞行变得困难且昂贵。通过巧妙的工程设计和一些专门的技巧，可以省下一些费用，但通常情况下无法让核心成本大幅度降低。只要我们依然在从太阳系核心区最深的“重力场”的底部（即地球表面）起运自己所需的一切，我们就还在这个限制下。人类只有通过从太空发现的东西中来拥有新的本领，才会摆脱束缚。

发射工具的选择

经过 30 年的服务期，航天飞机于 2011 年退役。许多观察人士认为，航天飞机不够安全且效率低下。其实，虽然有 14 名航天员在两次失事中殉职，但还有 341 个人安全地往返了地球低轨道，其中有些人还往返了不止一次。此外，在总共 135 次飞行中，虽有“挑战者号”和“哥伦比亚号”两次飞行失败，但航天飞机的成功率仍达到

98.5%，所以是历史上最好的航天器之一。诚然，对任何人来说，有人在航天时丧生都无疑是灾难性的悲剧，即便是那些喜欢用生命挑战极限的人也不会对此无动于衷。但每次飞行器和航天员发生事故，也都会带来更加安全的后续飞行。航天飞机在结束其使命时，其运行的安全性不比其他任何从地面到地球低轨道之间的运输系统差。

但航天飞机系统也有一个解决不了的问题，那就是每次飞行后进行维护所需的时间和精力实在不少。在航天飞机部件中，只有外挂燃料箱是一次性的，其他所有部件都会被收回并重复利用。固体火箭发动机的部分，只要重新灌注推进剂就好；然而，轨道飞行器准备下一次发射就需要许多个工时了，特别是在再入大气层的灼热过程中用来保护机身的那些隔热瓦。在航天飞机运营期间，运营维护工作的开销成了载人航天预算的主要部分。出于这个原因，一些评论者认为航天飞机是个政策上的失败，因为它并没有让地球低轨道航天飞行变得“便宜”。不过，“便宜”根本就不在这种工具的设计目标之列。有个更好的观察航天飞机的方式：它作为一种运载工具，目标是让太空飞行“常规化”——事实上它也做到了。此外，航天飞机的尺寸和设计赋予了它一些独有的能力，其中有些能力即便你拿美国任何一种正在筹划的航天器来比，都是后者不具备的。

现在，航天飞机已成历史遗迹，人类基本上进入了航天系统的一个新的创业时代。目前正在开发的是“星座计划”的遗产——“猎户座”飞船和“太空发射系统”。“猎户座”飞船可以配置多达 6 名航天员，其中 4 名航天员可以在地月空间飞行，并且有条件在太空中居住 3 个星期左右。这个居住时间对几乎所有的地月空间任务来说是足够的，但对月球以外的任务，比如火星或小行星任务而言，“猎户座”飞船就需要额外的模块来满足居住、着陆和其他的功能了。从实质上说，“猎户座”飞船只是穿越地球低轨道的航天器系统中的一个单独部分。此外，“猎户座”飞船的指令舱的设计不利于卫星维修，也不适合降落在行星上或进行太多的太空出舱活动；由于它没有气闸，在航天员出舱之前，它必须整体减压。

正在开发的新型火箭，即第五章提到过的“太空发射系统”，是一种重型运载工具。它采用退役的航天飞机系统的部件制造，包括其发动机（以航天飞机的主发动机改装，使用液氧液氢燃料）、固体火箭发动机及其中央核心贮箱。它的基本形式可以将约 70 吨的物资投入地球低轨道；目前有计划增加其运载量，先期增加到约 100 吨，最终目标是增加到 130 吨。根据规划，这居于核心地位的

70 吨有效载荷能力足以满足大多数的月球航行任务。“太空发射系统”最大的变化版本，则是为完全从地球上出发的载人火星任务量身定制的。在这种情况下，需要 8～12 次单独的发射，在绕地球的轨道上组装起重量超过 500 吨的火星飞船。

重型运载工具的最大优势，就是把执行任务所需的发射次数最小化。每次发射都有一个有限的失败概率，这个概率还要乘以发射的总次数。所以，如果使用较小的运载工具，虽然单次失败的损失造成的影响会降低，但整个规划会有更高的总体风险。此外，由于大多数运载火箭系统的地面基础设施通常会受到限制，人员、时间和处理流程等方面的资源管理就成了飞越地球低轨道类任务的重要因素之一，其重要性取决于任务的具体距离和可能的难度。在此，月球任务的要求是最简单的，火星任务的要求最苛刻。

重返月球的任务，使用较小的运载火箭和推进剂仓库即可完成。目前已经开发了几种不同程度的现实性的架构，以求完成这样的任务。但不论是什么情况，在开发切实可行的运输系统之前，都需要解决一些技术难题。其中，最大的未知因素与推进剂仓库的建造和运营有关；而推进剂的输送、储存和转移是尚未经过试验理清的技术问题。

对于沸点极低的低温推进剂（液氧和液氢）来说，这些问题特别严重；不论储存容器在仓库中的隔热工作做得多么优秀，都会有一些推进剂将以升华的形式逐渐流失。减轻这种损失的方法之一是把推进剂作为水来储存，即在使用之前将其分解成元素单质形式。要实行这样的策略，就得在仓库中建立大量的基础设施，包括产生高水平的电力以分解水的大型太阳能电池组，还有负责捕获和冻结分解后的气体的处理设施。这种方法会让仓库变得很复杂，远不止轨道上的一个贮箱那么简单。当然，若只为补给库提供易于储存的推进剂，比如蒸发损失远远低于前者的非丙烯酸类物质，倒是可能的。不过，肼和四氧化二氮等物质在使用时的"比冲量"更低（也就是总能量更少），并且这样的仓库在配置上也不适合接收和使用未来在月球上生产的推进剂。与低温氧氢库相关的技术太复杂，使得它们的开发成了一种长期的努力，但是一旦把它们建立起来，从长远来看，它就能为航天工作提供最强的可扩展性、灵活性和实用性。

把低温推进剂的蒸发控制在最低水平诚然是一个重要问题；除此之外，微重力环境下超低温液体的转移也是一个尚未尝试的流程。要想在轨传输液体，使液体沿着可预测的方向移动，既可以通过让加压后的氦等惰性气体发生可控的渗漏来实现，也可以通过让贮箱旋转从而产生不太大的加速度来实现，但这些全都要求仓库的配置具有各种复杂性。所有这些系统都需要通过“太空认证”，也就是说所有移动部件必须设计成可以在极端高温和真空环境中运行的，这相当复杂。根据推测，许多必需的操作工作是可以自动化的，但由于太空低温仓库所需的技术还没成熟，我们甚至没法开始设计这里要用的机器人系统。对仓库的机器系统进行人工干预和调整，看上去是无法避免的。最早的基于太空的推进剂仓库，极有可能倾向于人类操作，且是出于技术短板的考虑，而非程序性的要求。

现在或不久的将来，会有各种一次性使用运载器（Expendable Launch Vehicle，ELV）用来实现基于推进剂仓库的规划和架构。最大的商用一次性使用运载器是“德尔塔 IV 加重型”，可以向地球低轨道运送 26 吨载荷。使用这样的运载火箭发射 3 次，就可以完成一次前往月球表面的任务。而较小的一次性使用运载器，如“阿特拉斯 551”（21 吨）或“猎鹰 9”（11 吨）就需要更多次的发射才能完成同样的任务。而 SpaceX 公司推出的“猎鹰”系列中的重型运载火箭，将包括 3 枚捆绑在一起的、带有交叉管路发动机的“猎鹰 9”火箭。这款还在酝酿中的火箭能否在升空阶段同时让 27 个发动机工作、这些发动机是否会起作用，以及它作为一个商业发射系统是否具有真正的可行性，都还有待观察。如果“猎鹰”的重型火箭能像 SpaceX 公司所宣传的那样去运载物资，就可以将 50 吨左右的载荷送进地球低轨道，那么只通过两次发射就足以进行月球任务。

有很多方法可以精彩、巧妙地完成去往地球低轨道之外的载人太空飞行。NASA 目前正在制造一款重型火箭，它将使人类能够以最基本、最核心的配置（70 吨）完成登陆月球表面的任务，所以在地球低轨道上建立推进剂仓库并不是很迫切的事。然而，由于回归月球的一个主要目标是学习如何开发那里的资源，所以建立低温推进剂仓库就又很有价值了，因为只要想使用来自月球的推进剂给太空运输提供燃料，这类仓库就会成为整个系统的一个重要组成部分。既然迟早要解决这一大堆技术问题，现在也不妨建立这样的系统，并学习如何运营它。

新时期探月的一个架构：机器人打先锋

几次试图让人类在月球上长期存在的努力，都陷入困境并半途而废了。这段遗憾史背后有很多原因，但其中一个主要原因就是过去30年来NASA反复不断地尝试重现“阿波罗”计划的经历。“阿波罗”计划是NASA最出色的成就之一，它只用8年时间，就把人类送上月球。但是不应将它看作太空事业成功的唯一可行途径。

NASA必须设计一种思路，一步一个脚印地投入在可以持久的基础设施上，并利用太空中的资源换取新的能力。在过去10年中，从月球上获得的新数据表明，月球上藏有丰富的固态水，而且这种固态水的分布靠近那些一直接受阳光照射的区域。这两项事实让科学家得以在地月空间设想一个位置和一种活动，以给人类建立一个登陆其他行星的立足点。我和NASA的马歇尔太空飞行中心的工程师托尼·拉沃伊（我在2006年的“月球建设团队”里跟他密切合作过）共同努力，开发出了一个能达成上述目标的框架。应该强调的是，这个框架是灵活的，它的许多方面可以调整，以便适应不断变化的环境、资源。

今后登月任务的重点是“学习如何在另一颗星球上有效地生活和工作”。要做到这一点，依靠的是利用月球表面的物质和能量资源，在那里长久地生存。其中有个尤其重要的目标，就是使用月球上大量存在的冰，用它们制造出人类在月面居住时的消耗品，以及往来月球所用的推进剂，最终还要利用这些东西来支持地月空间内的活动。这个架构最开始会专注于水的生产，因为在这种情况下氢和氧就是推进剂，而推进剂是迄今为止火箭重量的最主要部分，也是载人任务成本高昂的最主要原因。月球持续生产消耗品和推进剂，将使人们能够日常化地进入地月空间的各个区段。

人类要留在一个太空地点，开发自己的能力和基础设施，以便更长远地创造更多东西。因此，要建立一个固定的前哨站，而不是在整个月球上的多个着陆点开展任务。前往月球极地有 3 个考虑：第一，在极地周边的准永久阳光区附近，可以通过光伏发电产生几乎持续不断的电能，用来避免在长达 14 天的月球黑夜里对核能的生存依赖；第二，与月球炽热的赤道地区（“阿波罗”计划访问的地区）相比，这些准永久性的光照区域得到的是良性的热，太阳在这里以擦着月面的角度照射，从而大大减少了被动热负荷；第三，月球极地周边的那些永久性阴影区域含有大量挥发性物质，包括数亿吨固态水。

对月球的再次到访，要利用地球上和太空中的现有条件，逐步、分阶段地完成。早期任务会发射无人探测器，或者说机器人，它们由地球上的人员控制。无线电通信的延迟很短，遥控操作能得到近乎瞬时的响应，这是月球与地球间的距离近所带来的一个优点。这个架构的重要属性之一是其灵活性。人类要在月球上逐步建立很多小型的基础设施，构成一个独立、大型的分布式系统来运行。单个的机器人探测器，都应具有高清晰度的、立体的实时成像功能，以及拟人化操作的能力，并配备有手指状的末端感应器，以便为它们提供对物质存在的感知，以及让它们记录在月球上工作的感受。这些月面设施将根据机会和能力允许的程度来布置和运营。因为分布式系统涉及许多小的单元和区块，所以，比起此前的架构，使用逐步增量的思路能够让世界各国和商业合作伙伴更加广泛地参与重返月球的行动。

使用机器人组成较小的工作单元有个优势：它们既可以组合在一起用一枚巨大的重型运载火箭发射，也可以用多枚较小的一次性使用运载器来单独发射，这种灵活性保证了人类能在月球上建起一个立足点。在零件级别上，它们又有通用性，使用常见的低温发动机、阀门、航天电子设备箱、着陆子系统、过滤器和连接器，这样就可以最大限度地起用和重复利用运送到月面上的资产。这个阶段的目标是在月球上建立一个支持远程操作的机器人采水站。在计划的后期，人类到达前哨站后，就可以使用公共部件，排除问题，实施定期维护，升级软件，检查密封、阀门安全和设备磨损，并且发挥人类最擅长的某些后勤和开发能力。

第一阶段：资源勘探。发射一系列小型无人航天器，去做 3 件事：一是布置通信节点和导航设施；二是探索月球极地，确定合适的资源开采和加工地点；三是对搜寻、提取、加工、储存水资源及其衍生品所需的步骤进行实验确认。但是，在月球的两极只能间歇性地看见地球，而有些操作依赖于地球和月球之间持续、密集的数据通信，那么这些操作就成了问题。此外，目前关于在月面上精确定位的知识，也很难满足用于标定并往返于特定地点的高品质地图及导航设备的需求。为了解决这两方面的问题，我们设计了一组小卫星作为通信中继系统，为地球与各种绕月、登月的航天器之间提供近乎恒定的联络，并能提供详细的位置信息——它就像一个月球 GPS 系统，服务于月球表面和地月空间。在月球周围的极轨道（远月点约 2000 千米）上用一批小型（约 250 千克）的卫星组成“网络”，该系统就可以实现。这种系统将能提供高带宽（每秒几十兆比特到几百兆比特）的通信和位置精度（误差小于 100 米）信息，以支持月球周围的数据传输和导航。

科学家还计划向月球两极各发送两个探测器，以摸清其明、暗区域分布，并描绘冰沉积物的物理和化学性质。科学家必须了解月球极地冰在水平方向和垂直方向上的含量分布变化，了解那里土壤的地质特性，并做精确定位，为采矿进行前瞻。月球车将启动关于月球冰沉积的长期探测任务，以便选择靠近高含量冰沉积区的地方建设前哨站点。除了极地冰，科学家还必须了解阳光照射区域的分布情况和变化范围，以及灰尘情况、表面电荷情况、等离子环境。

月球车重约半吨，携有可测量月球极地冰的理化性质的仪器。此外，它还将通过铲、刨、钻等工具挖掘和储存少量的冰和土壤样品，以便运送到位于准永久阳光区的固定着陆器上，利用那里安装的设备进行资源实验。月球车的工作必须反复进出永久阴影区，因此不能仅靠太阳能电池组提供电力。其能量必须由一个可连续工作的系统提供，例如放射性同位素热发生器（Radioisotope Thermal Generator，RTG）。如果不使用核能，那么可选的替代品包括可充电的电池，以及再生燃料电池（Regenerative Fuel Cell，RFC）。

在这个阶段，推进剂仓库将被放置在离地球 400 千米的轨道上，给未来的太空船提供燃料。该仓库里的水最初会从地球输送供应，但后期将通过太空“货轮”从月球上提供。在仓库里，水将被转化为气态的氢和氧，然后液化并储存起来。这个仓库将给重约 8 吨的大型无人着陆器提供推进剂，并且必须有足够的灵活性，在有飞船停靠和没有飞船的情况下都能对自身的多项配置进行状态调控。使用该仓库为大型着陆器提供燃料，可以让在月球上的预期着陆重量增加 2 倍以上。

第二阶段：资源探查、处理和制造。这个阶段将转向资源勘测和探查，以便为水的生产所用。最初的处理方法是挖掘含冰的月壤，对其加热以使冰蒸发，然后收集蒸汽，再储存起来供后期使用。也有可能出现其他一些更加有效的采矿方案，例如使用某些就地提取的技术，连月壤都不用挖。目前已知的最为保守的方法，是利用热量把月壤中的水分提取出来。加热月球土壤的过程有个优点：可以使用电能或者太阳热能作为处理原料用的热量。

在这个阶段，要逐步增加挖掘机、倾卸式运输车、土壤处理设备和贮箱的数量，以便获取、运输和储存水资源。携带大型太阳能电池板的着陆器在有持续阳光（年日照时间超过 80%）的地点发电；机器人则可以定期连接到这些发电站上，给自己的电池充电。近期目标就是掌握远程操作这些机器的方法，并且开始生产、储存水资源，以便人类在到达那里时能够使用。加工之后的水，可以很容易地储存在永久阴影区域里。在该阶段，还要将分解装置施放到月面，让它把水分解成其组分气体，以便制造冷冻剂，并储存液体推进剂。由于需要摸索出一套可操作的步骤，这些生产可能需要几个月才能达到平稳运行的状态，从而最大限度地提高推进剂的生产率。另外还有大量的未知因素必须搞清，比如采矿地点和推进剂生产地点之间的运输时间，以及热量和能源方面的概况、机器零件的使用寿命等。在“走路”之前，要学好如何“爬行”。

这个阶段用到的设备包括有挖掘功能的月球车、处理设施及其动力装置，每套设备重 1200～1500 千克。用作发电站的是圆筒形的太阳能电池组，它围绕一个垂直的轴来安装，以便在不同的日子里都能接收到阳光。每个电池组的输出功率大约是 25 千瓦。可以批量布置和操作多个发电站，来满足机器人和最终的前哨站的电力需求。在这个阶段，要开始利用微波把风化层烧结，来建设道路，并清理出工作场地。前哨站附近的许多地区，特别是发电站周围将有大量的往返交通，这就要求将灰尘的飞扬散落压制在最低水平，因为这对于热量的控制和尽量延长设备寿命都是必要的。

第三阶段：前哨站基础设施的施放和组装。这个阶段将把前哨站的一部分投放到月球，并准备其建设场地，安装好发电和热量控制的关键基础设施，开始建造月球表面的交通枢纽，这些枢纽将接纳并服务一些可以重复使用的机器人及载人着陆器，后两者会构成在地月空间内的运输系统。这个阶段还会增加额外的机器人设备，其中包括对露天采矿和加工设备的升级、对已损坏物品的替换，以及对加工能力的扩增。这一发展阶段的目标是增加水的产量，以支持人类抵达月球。

需要在月球表面生产推进剂，来给进出月球的机器人和载人着陆器补充燃料；返回式的货运着陆器则可以把水和推进剂这样的“月球产品”运出来。这两种物资的输出可能都是必要的，因为在月球附近，需要提供推进剂给那些转运火箭，而水在被送到地球低轨道之后，能像它们在月面上那样迅速被冻结和破碎。此外，对能量的需求中，还要包括把推进剂液化所需的能量，也就是从流体中获得大量的热所需的能量。如何最大限度地减少挥发性冷冻剂的蒸发，是一个公认的技术难题；本次活动前期选定的技术创新要解决这个问题。

第一次重型货运任务将给月球送去必要的后勤部件和能源力量，可以支持人类在月球表面居住的初始阶段。这部分货物包括额外的发电设备，以便为后续到达者的栖息地提供电力。最初的货物补给所包含的电池容量，可能尚不足以应对太阳被遮挡时的情况，但这个电池容量可以在后续第二次任务完成后通过第三次任务来补足。补充的货物有一部分是需要接驳到人类驻地的设备，或使驻地能够启用的辅助设备，比如调平装置、高优先级的备件、过滤器、隔热罩、各种支持设备、起重设备、可移动的支撑设备、出舱活动套装组件，以及后勤的供应，还有一些管道或气闸，用于帮助航天员从飞船上转移到驻地内部。这些都是为了让载人着陆器尽可能轻。其中还会有一辆能加压的、可供人乘坐的小型（4500 千克）月球车，它既可以连接在着陆器上或宿舍上，作为便捷的乘降通道，又可以在附近巡游，照顾放出去的那些设备。

第二次重型货运任务将把人类驻地本身带到月球上。设想中的前哨站，其可居住区域最终会是一个远远大于 12 吨的模块，但是最初的居住容量需求只要能支持 2～4 人生活一个月就可以。暖气和散热设备，以及全套可用的环境控制与生命保障系统，都将作为这次运输的载荷或早前运输任务的载荷送来。

第四阶段：人类重返月球。在这个阶段，航天员要清整驻扎点，安放好所有物品，并把各类设施连接起来，创建一个随时可用的前哨站。要连接的设施包括电力和热控制系统、生活区、车间、着陆场、道路等。远程操作的机器人在人类到达之前会把这整个复合体组装起来。这个前哨站是“宜人”的，可支持 4 个人每年两次到访月球，每次数周。到访者在驻留期间，可以修理、维护并操作此前布设下的各种机器人和设备。此外，还有些到访者可以在驻地附近进行地质勘探，并执行其他与科学有关的任务。在第一批人员到达时，前哨基地每年就可以产生约 150 吨水了，足够为月球运输系统提供推进剂。

这些载人任务的着陆器将是一种较小的登月舱级运载工具（约 30 吨），而不是类似于“星座计划”里“牛郎星号”（约 50 吨）的那种。它的主要任务只是将航天员送到月球表面，无须包含重要的生命维持功能，因为航天员降落之后可以生活在先前建设好的住房里。这辆“月球出租车”会成为地月空间运输系统中永久的组成部分。它可以重复加注月球上生产的推进剂，从而长期使用，并且可以停放在月球表面，也可以停放在地月空间里的运输节点上。而且它在尺寸和功能上与无人着陆器相似，所以有些部件可以通用，这会最大限度地减少需要在月面上维护的部件。具体来说，这两种着陆器都装有一种可重复使用的低温发动机，这种低温发动机的某些部分（或所有部分）可供重型无人着陆器使用，而且它们都使用一种“多级发动机”（Multiple Engine），确保了低冗余性、可靠性，同时兼顾了成本。这种发动机本来就是为了在月球上进行维修或更换而设计的，所以运载工具使用了它，寿命也可以最大限度地延长。

载人着陆器如果改装成载货着陆器，以重型运载火箭发射，通过在地球低轨道上的仓库补充燃料，就可以向月球表面运送 12 吨的有效载荷。一旦登上月球，它就可以被拆分，当成零件使用。着陆器本身质量为 8300 千克，使用“地月空间转移级”（Cislunar Transfer Stage，CTS）从地球低轨道上的站点发射到月球，这需要大约 60 吨的低温推进剂。最初认为，“地月空间转移级”用完之后只能丢弃，但只要月球的推进剂生产能开始并持续下去，就可以重新使用这段火箭，把它安置在月球低轨道上作为地月空间内的仓库。这种架构虽然可以为航天员返回地球加注燃料，但并不能说在提取月球资源方面取得了全然的成功。随着概念的成熟，以及对这种模式的理解不断深入，月球“加油”事业可以在有需求、条件允许的情况下显著扩充，包括让它与货运着陆器相结合。

第五阶段及更远的未来：供人类定居的月球前哨站建立之后，最初入住的人员将由定期来访者组成，他们意在探索前哨站周围的情况，并维持和确保采矿设备、制造设备的正常运行。在这些活动的中间，还会有机器人辅助装备到达，以不断提高生产能力，提取更多富余的水，运输到地月空间。起先，航天员将检验并保障推进剂和水的生产线，其工作包括定期维护，以及对操作理念和时间管理的优化。在随后的货物交付中，他们还将评估生产技术、步骤，以及所用技术和工具，这些成果可以扩展到下一步的开发利用中。

虽然利用月球资源的理念已经被研究多年，但从月球环境中的基本技术及其应用出发，还有许多需要搞清的未知因素。探索月球将会带来很多产品，它们的应用方式尚未可知，但值得期待。这就需要科学家研究开发对最终产品的性能进行检查的技术、工具，以及广泛的物理分析和冶金分析。诚然，人类月球栖息地的养护和推进剂供应链的管理都是更为优先的事项，但对扩大人类在太空中的活动范围来说，上述技术的研究才是至关重要的。对“就地资源利用”所需的材料做广泛调查，非常适合国际合作。由于没有哪一种策略、技术或方法能适用于每项具体事务，所以这方面的研究可以分为多项彼此独立的调查。为此，在其中一次货运任务中，将需要一个材料加工实验室。除此之外，航天员的科研时间将优先用于研究生物相互作用和月球重力环境下的植物生长数据。这些研究关乎生命力、化学反应和长期后勤需求，它们与月球上的食物生产直接相关——这将考验人类能否长期居住在月球。

在月球上建立了永久性的立足点，就敲开了许多新领域之门，它们的用途多种多样。创建一个可重复使用、可扩展的地月空间航行系统，就在太空中建立了一条“横贯大陆铁路”，它连接起两颗星球，即地球和月球，还能够让人们访问二者间的所有地点。这不只是一个可以到访整个月球的系统，它还能让人们可以定期访问地月空间内的所有资产——通信卫星、全球定位卫星、气象卫星、遥感卫星和战略监测卫星。随着这些卫星接近自己的使用年限，人们可以养护、维修和替换它们。

我专注于月球前哨站的水生产，因为这种活动可以为火箭制造推进剂提供最强的杠杆效应。然而，也还有其他的可能性值得探索，比如一种“范式转换”的思潮，即人类最终会在月球资源的基础上重新设计太空硬件的所有结构元素。这些活动将激发商业界对太空的新兴趣、新创造和新投资。这也进一步减少了地球发来的“物流列车”的质量，有助于人类在预先估计好的预算额度之内，沿着有规划、有条理、步步为营、水滴石穿的长期轨迹，前往更加深远的太空。可以构建出远远大过当前可能性的、可扩展的分布式太空系统，从而不再使用当前这种打算发射完就扔掉的航天操作范式。航天飞机和国际空间站的经验，都证明了人类建造和维护在轨系统的价值。人类目前所缺乏的能力，是建设那些进入更高的地球轨道运行的各式系统。这些轨道的高度远远超过地球低轨道，它们是地球中高轨道、地球同步轨道和地月空间以内的其他位置。

可以进入地月空间的交通系统，也可以带人类前往其他行星。通过使用月球的资源，有可能给行星之间的飞行任务补充燃料、进行装配。月球上开采出来的水可以为地月系统以外的载人任务提供燃料，并为机组人员充当防辐射屏障，从而大大减少从地球出发时的载荷量。使用化学推进剂的火星飞行任务，需要在地球轨道上准备至少约500 吨的物资。在这些载荷质量中，80%以上是推进剂。从地球发射这种推进剂，需要重型运载火箭的 8～12 次发射，总是这样做，就建立不起真正的太空探险能力。而若从地月空间运输系统的设施上出发，火星飞行任务就可以使用来自月球的推进剂，那么要从地球上发射的总载荷质量就减到了原来的 1/5。

该架构具有模块化性质和增量性质，所以能够轻松、无缝地集成到月球开发场景之中发挥作用，这就促进了世界各国和商业力量的参与。因为建立前哨站的时候就考虑到允许通过小型遥控机器人设备为其添加功能，所以其他各方力量只要时间、能力、技术实力允许，就可以贡献自己的力量。这样，国际合作伙伴将能够规划他们自己的载人月球任务，通过购买月球燃料来实现往返，而无须再自行开发重型运载火箭。该架构的灵活性和对增量部件的使用，使它比“星座计划”更容易激发国际的参与热情，也更容易实现商业化。

这些只是基于资源利用而重返月球的初始步骤。水是我们可以从月球上提取的最简单也最有用的物质，可用于建立一套地月空间的航运基础设施。这套设施一旦建立，月球前哨站就会展开许多不同的可能性：它可能演变成一个商业设施，负责生产水、推进剂和其他商品，在地月空间里出售；它可以继续作为实验室，试验新的工艺和产品，给资源的利用寻找贸易空间；它也可能成为一个科研站，帮人们进行详细的月面调查，去了解月球上记录着的行星历史和太阳历史。这个前哨站可以为许多国家的科学、勘探、研究和商业活动提供一处公用设施。我们要尽早强调资源的开采，为灵活的增长和各种航天活动的发展创造出机会。

第八章

同心方捷足，聚力勿怠慢

“阿波罗”计划之后，美国探索月球的模式就变得反反复复。这个国家以惊人的速度登陆了月球，然后又以同样惊人的速度放弃了月球，接着，即便不是以同样惊人的速度，也是匆忙地疏远了月球。在完成了登月这个自原子弹爆炸以来最大的技术目标之一后，美国就退出了月球阵地。误读“阿波罗”计划的真正意义所造成的损害是显而易见的。

“阿波罗”计划的成功戏剧性地，当然也确凿无疑地证明了在太阳系中进行载人飞行是可能的——这种认识被长久地镌刻在了航天界的众多头脑和心灵中。当年参与了“阿波罗”计划的人，都认为当时是太空探索的“黄金时代”，但它现在已经失落：随后的年代里，航天事业沦为卫星养护服务、失重环境科学演示之类平凡得不起眼的任务。“阿波罗”计划的成功促使美国很多年无法继续前进，这是具有讽刺意味的。“阿波罗”计划已经成为一个不可动摇的、威严十足的标准，持续影响着当今人们对太空计划的思考。

在关于重返月球的辩论中，或许缺少一个能让人目光通透的历史视角的助益。虽然太空计划方面在历史上没有完美的类比，但从历史中的几件旧事中也许能得出一些一般性的推论。如果研究与太空飞行类似的一些历史，并尝试得出关于其恰当定位和意义的结论，或许可以发现一条更具生产能力、破坏性也更弱的航天之路。

历史视角中的“探月工程”

美国在其 240 多年的历史中开展了许多大规模的集体合作项目，但没有哪个比 20 世纪 60 年代抢先把人送上月球的努力更被神话化了。“阿波罗”计划具有宏大戏剧的所有吸引力：一位总统公布了一个宏伟的、看上去几乎不可能的、以举国之力进行挑战的计划，并获得了胜利——令人难以忽视的是，这种漫画式的叙述竟被如此广泛地接受。事实上呢？肯尼迪总统只是一个不太情愿的航天事业支持者，他在第一个任期内，在太空方面表现并不出色，他参加登月竞赛也是为了转移公众的注意力。肯尼迪总统曾经强烈要求他的顾问们提出一些其他的技术开发备选项，要能带来实际利益，如海水淡化技术是他个人的最爱。

"阿波罗"计划是一种特殊的产品，它有属于自己的历史时空，如果参照当今创建大型工程计划之前所做的背景环境分类，把它分进哪一类都不够准确。但这并不意味着目前就不能考虑登月。

回想 1849 年，在加利福尼亚州出现"淘金热"时，只有两种方式可以到达有金矿的地区。其中一种方式是从东海岸出发，坐船到达旧金山，这一航行漫长而无聊，因为船必须从南美洲的最南端绕过去；如果不想绕到那么远，就要冒着感染疟疾的风险穿越巴拿马的沼泽，到西海岸去换船。另一种方式更是危险，那就是花几个月横穿北美洲内陆地区的广阔荒野。用铁路将国家整合在一起的需求越来越迫切。几位有远见的人主张建造一条横贯北美大陆的铁路，将加利福尼亚州与美国东部的铁路系统连接起来。经过长时间的论证和对几条备选路线的严格审视，铁路的路线最终敲定。这项工程得到了国会的批准，并由林肯总统签署成为法令。这就是1862年的“太平洋铁路建设法案”，美国政府为它提供了资金，作为沿途每个地段的财政激励和土地征用补偿。联合太平洋铁路公司和中央太平洋铁路公司开始从各自的起点（奥马哈、萨克拉门托）相向筑路，两者于1869年在犹他州的“海角点”（Promontory Point）会合。筑路团队用一条横贯大陆的铁路，表明整个美国已经联系在了一起，最终锻造出一个金色的巅峰。此时，东、西海岸之间可以方便地往来，内陆地区也迎来了移民、经济增长和更多的城镇。

有些人认为，这个案例为太空事业的发展提供了一种可行的模式，也就是政府提供一系列的激励措施和补助资金，促使私营公司建立起必要的航天基础设施，从而像当年横贯大陆的铁路建设那样，带来与之类似的经济扩张。可这个比喻并不完全符合历史事实，因为在19世纪60年代，一套成规模的铁路运输基础设施已经存在了，而且主要由私营机构出资。在太空飞行中，商业航天发射供应商的角色似乎与之相像，但它们的活动范围较小，而且太空领域的市场比19世纪铁路客货运输领域的市场要狭窄得多。太空飞行比铁路旅行更为困难，也更危险，因此总体的运输流量和商业收入都要低得多，这也就抑制了太空领域的投资。有时，新太空理念的倡导者们会援引美国邮局

20 世纪 20 年代的航空邮件服务案例，将其看作一种良好的商业模式。确实，邮局与私营航空公司签订合同来运送邮件，邮局购买的是更快的寄送速度，但在这个案例中，一个巨大的市场（美国的邮政）已然存在了。而在航天领域，速度并不是太理想的商品，因为比起时效性，航天更看重运输的稳妥和可靠。

在资源需求方面，倒有一个历史性的案例与雄心勃勃的太空目标密切相关，那就是原子弹的发展。作为迄今最大规模的科技项目，“曼哈顿计划”聘请了这个国家最优秀的一批科学家和工程人员。数十亿美元资金被投入到可实际投放的新型炸弹的研发工作中，而且工作开始时，这种武器的可行性尚不确定。当时担忧的是，希特勒可能正在积极研究原子武器，后来美国人才知道这种假设是错的。但无论如何，“曼哈顿计划”是有史以来规模最大、难度最高的技术项目。与苏联激烈竞争的半个世纪，带来了美国科技工业部门的建立，美国在“阿波罗”计划期间也大量依赖这个部门。20 世纪 90 年代，随着苏联解体，美国的这个部门也被系统性地废除，这意味着美国已经失去了技术工业基础，如今要在太空方面取得进展也就更加困难。

能提供有益的经验教训的是多年来完成的各种大型

建筑项目。1904 年，美国从法国手中接过了开凿巴拿马运河的工作，并于 10 年后，也就是 1914 年完成了这一壮举。开凿运河时面临的问题得到了工程企业和投资方的明智解决；这条运河也给航海业和世界贸易带来了革命性的改变。当时美国也注意到了这条运河对军事的重要意义，它使美国海军能够轻松地在大西洋和太平洋之间调度舰船，从而让海军的机动响应能力增强了一倍。而受德国高速公路启发的“州际公路系统”（Interstate Highway System）则创建了一套基于汽车的、全新的国家交通基础设施。从表面上看，这个公路系统只是提供了一个道路网，但除此之外，它的创建还对美国的经济活动规模扩大数万亿美元颇有贡献。因此，大规模的政府计划能创造财富和繁荣。

在过去的这类努力中，政府在那些私营机构无法引领或不愿意引领的地方，担任了引领者。太空飞行从本质上说是一项艰巨的任务；当前虽然也有私人太空发射，但主要集中于已经存在的卫星发射市场。不过，与早期的航空业不同，这里可没有一个已存在的“空中邮政”市场去推动新生的私营交通运输业的发展。太空旅游作为一个新兴的市场，目前吸引了不少期待的目光，其潜力是值得肯定的，但尚未实现。尽管有现金奖励和其他的激励措施，大部分的私人太空飞行仍然受到成本上和市场上的限制。通信、能源和建筑行业已经确认了太空商业活动的潜在可能性，但缺少的正是在整个地月空间中定期运输货物和人员的能力。

曾任总统科学顾问的约翰·马伯格在 2006 年提出他的太空发展理论，呼吁让太空成为经济领域的一部分。在某种程度上说，人类已经开始实现这一目标了，卫星通信和遥感数据的现存商业市场就是其证明。在比地球低轨道更远的轨道上运行的太空资产会折旧，需要定期更换，并偶尔需要对技术能力进行升级。如果人类能够到达像地球同步轨道这样的高轨道，那么这些卫星就可以得到养护和维修。此外，可以让航天员和机器人协同工作，在高轨道上组装大型的分布式系统。从文献来看，这种思路在执行航天飞机计划的 30 年历史中发挥了重要作用，当时的航天员可以修理和养护哈勃空间望远镜和其他很多人造卫星，并通过一系列单独制造、单独发射的小模块来搭建国际空间站。

在地月空间建立永久存在的设施，可以服务于许多经济目标。但实现这个目标的最佳方式是怎样的？政府部门和私营机构在太空事业发展中都扮演什么样的角色？而最重要的是，人类如何以最为有效的方式，制订出一个能满足最广泛需求的民用航天计划？

政府不可或缺的地位

只有在太空部署资产并使用人造卫星，才能反映现代化的实力。天空、陆地、海上的武装力量，其通信、导航和决策都已经离不开它们。而人造卫星在物理上又是十分脆弱的：要想弄坏一颗人造卫星，无须撞毁它，只要折断卫星上的一根天线或者切断太阳能电池板上的一条电缆，就足以将价值数十亿美元的卫星变成一文不值的太空垃圾。保护卫星资产至关重要，这不仅是保护投资，更重要的是保证它们能够在我们需要时立即发挥作用。

美国新一代太空群体中的一些人持有自由的空间发展观。他们认为政府是航天事业的一个障碍，它产生的问题比它给出的解决方案要多。但是，政府有一种已被明确界定的作用——建立法律环境，以便个人和公司都能履行义务并且得到权利的保障。目前的太空活动态势，离不开政府的实际存在。如果政府在这样的场景中缺席，它还如何行使其监管权力，执行其法律决定？当然，政府也可以通过扣押地球上的资产来行使权力，但这种做法只会影响太空事业发展，而不是鼓励。就像各国的海军要捍卫海洋自由和商业活动一样，政府在地月空间的存在同样也会捍卫和保证那里的自由进出和商业活动。

美国建立其科研太空计划，最初目的是研究太空飞行的技术和它潜在的有益用途。该目标在 1958 年的“太空法”中确立，随后经过多次修订。这个法案概述了联邦政府在太空中的作用，它含有 9 个基本目标，包括获得科学知识、发展太空技术和太空飞行系统，以及国际合作等。该法案有效地授权 NASA 在太空中进行各种可以设想出来的活动，包括开发新的航天飞行技术。

为了实现航天飞行的范式转变，科学家必须了解如何利用月球和太空资源去创造新的能力，以及这些活动的难度究竟如何。尽管进行了数十年的学术研究，还是没有人能在月球上演示如何开采资源。月球物质的物理和化学性质中，没有任何因素暗示它不能开采；科学家只是不知道开采过程中可能出现什么样的实际问题而已。这就表明了资源利用为什么可以在太空计划中作为一个合适的目标。对一个高风险的工程研究和开发项目来讲，私营机构很难从完整的系统角度出发，去筹集必要的资金以理解问题的严重程度。最初的“太空探索图景”就意在请 NASA 去理解这些问题，并且着手建立永久性的地月空间基础运输设施。作为一个成功前景并不明朗的工程研发项目，这样的努力应该由政府来尝试。这个项目的成果有可能创造出新的市场、新的财富，因为届时私营机构将获得必要的战略知识，以便用好由地月空间的发展带来的经济机会。

公众意见对太空飞行的影响

谈到民用太空计划，我们离不开一个熟悉的话题：如何让美国民众对太空感到“兴奋”。NASA 已经花了很多精力去追求这个难以实现的目标。NASA 的多项努力，旨在说服美国的纳税人：在太空事业上花钱是一项很不错的投资。他们最常见的方法是向民众说明，太空方面的研究和进步能在技术、产品和能力方面带来许多好处，这些好处会对大家的生活产生积极的影响，希望大家记住这一点。

但由 NASA 公共事务部提供给阿尔德里奇委员会的一份报告显示，50 多年来，美国人面对“你支持美国太空计划吗”这一问题，其民意投票数据中的“支持”比例一直在变化，最高也不过六成，低迷时则在四成左右。令人惊讶的是，无论 NASA 正在做什么、正在怎样地发展，也无论它遭遇了什么灾难或赢得了什么成功，支持和反对太空计划的民众比例总是半斤八两，上下浮动不超过 10

个百分点。这一结果在开展太空计划的半个世纪中几乎保持不变，在其间截取任何一个长度相仿的时间段，投票数几乎是不变的。面对这个数字，NASA 表示不满："我们怎么才能激发公众的兴趣呢？如果我们能够提出正确的公共关系计划，那么国会和公众将会给我们提供资金与鼓励！"但是，我对这些数字有不同的解读角度。确实，如果民意调查结果总是在一半上下晃动，那么从根本上说，人们对你正在做的事情就是漠不关心。显然，美国公众真的没怎么注意到 NASA 的作用。尽管许多美国人对太空飞行着迷，美国国家航空航天博物馆的参观人数也一直是华盛顿国家广场的所有博物馆中最高的，但与参观其他博物馆一样，大家的好奇心很容易就满足了。

NASA 将这种半斤八两的民意调查结果看作一个问题，但我觉得这也是一个机会。人们喜欢去新的地方，喜欢新的发现，只不过期望太空计划能多做有趣的事情，期望这个计划可以使大家变得更聪明、更充满希望、更有自豪感。

鉴于这些情况，民用航天的战略方向不妨焦注于逐步增强航天能力，每次去得稍远一点点、待得更久一点点，并在地球低轨道之外开发和积累人类的"领地"——先是进入地月空间，然后进入行星之间的空间。我们的月球可以在这个设想中发挥重要的作用，因为它是地球低轨道以外第一个能提供资源，帮我们开发并扩展航天能力的地方。它最初提供的资源就是氧气和氢气，这是至关重要的消耗性资源，可以支持人类的太空探索，并可以作为加注给航天器的推进剂。太空能源供应，从月球开始。

公众或许确实不关心一般性的月球计划甚至什么太空计划，但即便如此也无关紧要。正如很少有人关注基础设施的性质和发展要求（比如铁路或高速公路），但也没有人否认它们的价值，更没有谁主张不再用它们进行生产活动。作为一个现代化的技术社会，我们依赖太空，依赖那里的资产和资源，它们可以用于各种各样的目的。为了把握好这些机会，我们需要在太空之海里自由航行，随时随地前往我们需要去的地方。月球资源的开发大有希望，它能让我们灵活地在太空中实现一系列的长期目标，最终会让我们能在任何时间、任何地点去做几乎任何可以想象得到的工作，其中包括一些我们现在还根本想象不出来的事情。

冲向月球：私营机构的探月活动

许多美国公司声称正在尝试进行月球太空飞行，它们的参与程度各不相同，所持有的技术可靠程度也参差不齐。这种潮流有一个刺激因素，那就是“谷歌月球 X 大奖赛”（Google Lunar X Prize，GLEX）。这是一项竞逐 2000 万美元的赛事，鼓励私营公司安全地把有效载荷送上月球，并进行一系列有意义的、里程碑式的活动。“谷歌月球 X 大奖赛”虽然看起来像是一次炒作，但其背后有着严肃的理由。有奖活动可以在各种技术领域举办，用于刺激发展和创新；获奖的好处也是多种多样，除了赢得金钱，还可以通过成功击败竞争对手而赢得赞誉，由此创造商机并获得声望。竞争也是加快技术创新和发展节奏的一种好办法——想赢得奖金吗？请力争在特定时间内实现特定目标吧。

不过，虽然那些航天企业经营者和专家经常吹嘘奖励在刺激新的技术成就方面的作用，但直到目前，奖励在太空领域的功效并不令人有多么深刻的印象。为商业化的亚轨道飞行而设置的“安萨里探索奖”（Annsari X）于 2004 年首次颁出，但截至 2015 年，还是没有其他的商业亚轨道飞行。太空领域的商人罗伯特·比奇洛则设立了“美国太空奖”（America’s Space Prize），该奖价值 5000 万美元，将颁发给率先向地球低轨道运送 5 名乘客并平安返回的私营商家。这个奖项于 2003 年 12 月 17 日，也就是莱特兄弟首次使用飞机飞行的一百周年纪念日之际宣布，并于 2010

年 1 月到期，其间没有任何公司申领这个奖金。“谷歌月球 X 大奖赛”则于 2007 年公开征集，截止时间是 2012 年，随后延长了两次截止时间，先是延到 2014 年，然后又延到 2015 年 3 月底，最后它又宣布了第三次延期，延到了 2017 年底。我列出如此令人沮丧的数据，并没有贬低这些奖项的意思。我只是想指出，私营公司创造新本领的历史记录有点儿糟糕。

关于月球资源的讨论，大多数集中在那些与提取、运输和使用相关的技术问题上；而说到在月球或在其他地外星球上采矿所涉及的法律问题，大家则几乎没有任何思路，换句话说，这跟地球上的采矿人员所做的没有什么区别。存在这种空白的原因很明显：没有人知道太空商业采矿和在其他行星表面活动的法律地位如何。

在几个国际条约中，与之相关度最高的是 1967 年联合国制定的“外层空间条约”（Outer Space Treaty），它为当前的太空活动确立了法条。这个条约由 129 个国家签署，其中包括了所有的主要航天国家。条约规定禁止在太空中使用核武器，并禁止任何国家对其他天体提出领土要求。但这一文件对私人开发太空及其所有权的问题没来得及做明确的说明。我们看到，该条约规定：“外层空间，包括月球和其他天体，在没有任何歧视的前提下，在平等的基础上，所有国家都可以自由探索和使用。并且，根据国际法，所有国家都可以自由地去往所有天体区域。”请注意其表述，“所有国家都可以自由探索和使用”这种措辞似乎保证了任何一个国家在月球上采矿并制造产品的权利，可然后是什么呢？

人们当然会认为这种表述可以确保各国政府在那里制造推进剂，用于自己的飞船。但它究竟是否允许私营公司制造相同的产品，然后在公开市场上出售呢？当然，各国政府可以对本国公司加以限制，但是其他国家的人有义务遵守这些限制吗？除非所有国家达成一些互惠协议，否则他们国内的私营公司就都不必尊重别国公司的准入权利和所谓“控制区”。

与其他星球一样，月球上的重要地区是有限的。在获取并使用那些最理想、最有价值的资源勘探地点与开采地点上，各国可能会起争议。为了补给火箭燃料的使用和人类生活的消耗，需要生产水。就此来说，理想的地点是月球极地附近那些日照时间特别长的区域（“准永久照明区域”），它们靠近永久阴影区域，因此存在固态水。在这样的场所，可以连续产生电能，用于提取附近的水资源。能以合理的效率运行最初的固态水开采设施的区域可能总共只有几十个，当然更多的勘探数据将为我们提供更清晰的图景。但如果情况确实如此，那么谁有权来制造产品？能以什么理由来声明自己有这个权利？先到者先得吗？或者声称自己的做法更优秀？这是一个所有国家都应该思考的问题。

第九章

外星建枢纽，桂殿不复寒

我认为，在不久的未来人类能长期回归月球，能创建一套新的多功能航天基础设施，将人类活动范围扩展到地球低轨道之外的太阳系空间。如果人类终于朝着这个方向前进了，将来可以期待些什么呢？这个方向会带来什么好处，以及这些好处会如何随着时间的推移而发展呢？在本章，我将设想人类在月球上的未来，设想其最可能发生的一系列事件和最可能实施的步骤，以及它们的意义。从月球开始，人类将定居于太空，并运用它追求各种有益的目的。

初期的驻月活动

从某种意义上说，人类重返月球的过程已经在过去10多年中开始了。人类对月球做了测绘，用一系列无人探测器观察了月球。这些任务大多数是绕月飞行器完成的，它们装有各种传感器和仪表，用于测量月球电磁频谱中几乎每个频段的物理特性。这些数据被转换成地图，显示月面各地的形状、大小、邻接关系和物理状态，使科学家更清楚地掌握这颗最邻近的地外星球的构成和演变。月球可能是太阳系中最佳的地图测绘对象，相比之下，人类对地球的海底状况还不如对月球背面掌握得清楚。在这些测绘成果的支撑下，可以将月球当作一颗行星来评估。从绕月轨道上分区探查到的结果表明，月球的资源足以供人类创造新的航天能力。后来，“月球勘测轨道飞行器”又送来新的知识，推动了月球研究，催生了新的发现。

月球硬着陆器和软着陆器，又为月球上特定的小型区域补充了至关重要的详细信息。其中，一条最重要的信息来自“月球陨坑观测与遥感卫星”释放的硬着陆器。在这次任务中，其运载火箭的末级坠毁在月球南极附近一个寒冷、黑暗的地区。此次撞击由一颗小型卫星负责观察，它与“月球勘测轨道飞行器”一起运行在绕月轨道上，跟踪负责撞击的末级火箭。因撞击喷溅而出的物质最终证明了这个冷阱中存在固态水。在该位置，水的质量约占喷溅物质总质量的 7%。羽状的喷溅物还释放出了其他的挥发性物质，包括氨、甲烷、一氧化碳和一些简单的有机分子。这些数据表明月球极地的挥发物与彗星的挥发物相似。有了这些信息，我们就可以很自信地说，月球极地蕴藏着人类长期居住在那里所需的资源。

科学家已经定位了月球两极附近每年日照时间最长的区域，并将其日照持续时间定量化（见本书第 73 页图 3.1）。这些被照亮的地区，离沉积固态水和其他挥发物的地方很近。由“月球勘测轨道飞行器”及其轨道同伴制作出来的地图，为科学家在月球上确定备选的资源处理地点发挥了至关重要的作用。除了“月球陨坑观测与遥感卫星”对月球冰的直接采样之外，还有几种远程测量都支持月球极地蕴藏大量水资源的观点。印度“月船 1 号”上的 M^3 光谱成像仪发现了月面高纬度地区羟基分子存在的证据（见图 9.1），它们在向极地迁移，有可能增加那里的水资源。“月船 1 号”发射的一个小型的撞击器（“月球撞击探测器”，the Moon Impact Probe）在月球南极发现了一块稀薄的水蒸气云，那可能是很多的水在极地的“冷阱”中最终沉积的位置。无线电频段的微型雷达图像在一些极地陨石坑中显示出带高度弥散性的反向散射（见本书第153页图5.1），而紫外光谱和激光反射结果则表明某些极地陨石坑内的地表结着霜。另外，对月球两极进行的中子测量表明那里有大量的氢。这些数据都支持着我们的观点，即月球两极存在着大量的固态水，估计两极各有多达100亿吨的冰。

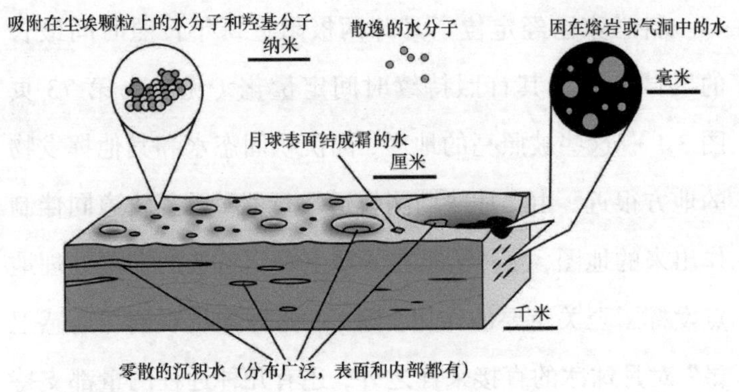

图9.1　这幅示意图展示了水在月球上的5种存在形式。目前通过对月球火山玻璃和矿物质的取样，已经知道月球深处形成的熔岩中含水。月球的大气层中也有水，它们以稀薄的分子形态在月面上方很近处围着月球游逛。尘埃颗粒上也发现有以单层分子形式吸附着的水，这种水分子在纬度越高（即平均表面温度越低）的地方越多见。在极地附近的黑暗、寒冷地区，则可以看到更多的地表水，它们以霜的形式存在。而最多见的一种水就待在月球两极附近很浅（几米或更浅）的地下，其形式是冰，总量以百万吨为单位计。

尽管有充足的新数据，但为了月球长期驻扎的实现，科学家必须在米级尺度上探查并绘制月球极地的水量分布，而且水平分布和垂直分布都要绘制。这种固态水的物理特性必须被完全确定，以便策划如何挖掘和提取它。必须找到那些离“准永久光照区域”最近且含水比例最高的区域，以确保未来的水处理效率达到最高。这些性质，还有其他相关信息，都可以从附加的月面无人探索任务中获取。获得最高质量数据的理想方式是施放核动力的月球车，其形式类似于火星车“火星科学实验室”（Mars Science Laboratory，MSL），它可以在极地区域进行扩展探索，寻找并标绘出那些最佳区域。最好将配置相同的两辆月球车分别发送到月球的南北两极；尽管科学家猜测两极都有明显的挥发性沉积物，但使用两个探测器分别探查两个区域会有助于确定前哨站的最佳地址，也就是前哨站要建在最高级别的矿床附近。

除了这种相当复杂的勘探之外，还可以通过一系列较小型的任务对月极挥发物的信息进行前期收集。关于廉价任务，举个例子来说，可以使用一系列（大约十几个）允许分别部署和着陆的小型冲击器（即硬着陆器），投放到月球上，收集月面上多个位置的物质成分信息和物理数据。与装备得当的月球车提供的详细、连续的信息相比，这种方式得到的数据显然会逊色一些，但若想在短时间内收集广泛、准确的数据，它或许是个好策略。

获得足够多的勘探数据之后，最迫切的任务就变成了对月球上的资源提取和对储存过程的示范。水的提取，尽管可能是我们能想到的最简单的外星物质处理过程，但为了促使太空工程界认真对待此事，还是有必要对此进行实际的、系统化的全程示范。这样的示范任务自身规模可以很小：一台沐浴在阳光下的定点着陆器，在得到了从阴影区域运来的原料之后，就加热土壤，收集水蒸气，然后将其液化并储存起来。这一示范一旦成功，水的大量生产就仅剩下扩大规模的问题了。

而关于月球表面环境，还存在一些挥之不去的谜团有待解决。据推测，晨昏线（地球上看到的月球亮面和暗面的分界线）经过之处，月面上会产生电荷，这可能是一种严重隐患。这种电荷产生的影响可以测量，为规避其风险，应使用一台固定位置的着陆器，在月球上的一个昼夜循环里多次进行该项测量。诚然，最近利用绕月的“月球大气与粉尘环境探测器”（Lunar Atmosphere and Dust Environment Explorer，LADEE）获得的证据表明，这种现象即使普遍发生，其影响程度也很低并且局限在小范围内，但航天员仍然有必要在月面上测量其电场，以观察是否存在科学家假想的那种细小尘埃悬浮现象。

夯实驻月的根基

如前文所述，我认为开发月球的最有效、最便宜的方式一定是先利用机器人完成大部分预备工作和初期工作，再派遣航天员。在人类重回月球之前，可以在地球上遥控月面的机器人，开始月球水资源的提取和处理过程。首先应该策划建立足够的产能，在人类到达月球之前机器人就为人类返回地球储备了充足的燃料。这种产能要求每年生产约 100 吨的月球水。这个数量并不像直觉上那么多：一个能装 100 吨水的水箱如果做成立方体的形状，边长仅约为 4.5 米，或者说，独立住宅后院里的游泳池盛满水也差不多就是这个量了。因为水是用途最多的、最有力的资源，所以生产水是最为优先的任务。

月球上的大规模采矿活动需要能源，而且是大量能源。幸运的是，在月球极地，能达到“准永久阳光照射”标准的区域（见本书第 73 页图 3.1）总面积足够大，可以建立多个太阳能电池阵，组成一个发电站网络。单个发电站可以只是一个又高又窄（高度为 10～20 米，宽度为 2～3 米）的太阳能电池阵，围绕着其垂直轴连接成筒状，以便慢慢跟踪太阳在每个月（也是月球上的每一“天”）的时间里在月球地平线上的移动。这样的单个发电站并不重，只有 1 吨左右。而作为模块化的系统，这些部件又可以连接在一起，以满足各种级别的功率需求。最初的机器人采矿活动需要大约 150 千瓦的功率，这可以由 8～10 个独立的发电站提供。随着前哨站的规模和能力日渐增长，从地球运来更多的发电站就可以满足其电力需求。月面电力系统按这种方式建设，其功率有最高达到 10 000 千瓦的潜力，其后我们就可能要考虑部署核反应堆了。钍基熔盐反应堆的规模可以大到提供几乎无限的功率（数亿瓦），其用途很多。反应堆最初可以完整地从地球上送过去，然后在月球上开采那里的钍资源用于其运作。

就民用建筑工程而言，“建筑骨料”是地球上最重要的物质资源之一，也就是沙子、砾石和水泥等。这些建材筑起了人类现代工业生活的基础设施。“建筑骨料”轻松地跻身所有可开采的地矿材料中最重要、最有价值的经济资源之列，其地位甚至超过黄金、钻石或铂。人类依赖它们来建造许多东西，它们是道路和承重结构的基本建材。建筑中使用骨料的案例，在古代文明时期就有发现，例如古埃及人在他们自己的建筑中就使用过混凝土。而罗马人在 2000 多年前建造的万神殿，使用了一种耐用的混凝土配方，它让那些一次成型的拱门、墙壁和无支柱的圆顶得以挺立至今。使用地球上的“建筑骨料”，通常离不开基于石灰的水泥，它可以将颗粒状的材料黏合在一起。在地球上制造混凝土，需要的是石灰（氧化钙）和充足的水。

若在月球上永久驻扎，则有必要尽可能多地使用月球物料进行基础建设。骨料就像在地球上一样，也有可能成为外星球上的工业社会的主要建材。但月球物料的成分和性质，会要求我们在这种骨料的使用方式上进行一些调整。只要做一个简单的评估，即可揭示在月球上和在地球上使用骨料时的有趣差异和相似之处。

在地球上，砾石产地的位置十分明确，这要仰仗大自然的河流活动所具有的分选和分层功能。人们可以从冲积平原和古代的河床中收集砾石，在那里流水已经将岩石、沙子和淤泥变成了沉积物，人们能够很容易地把它们开采出来，并装车运到建筑工地。各种富于变化性的流动现象，都有把骨料按照颗粒大小分类的作用，比如地球上的河川、溪水的流动。这种自然分选过程造就了砾石的多层分布。流动速度最快的水域会出现鹅卵石的富集，而在水流较慢的情况下，那些比较细的颗粒材料也会集中起来，沙子和淤泥就是这样从水中悬浮物变成了沉积物，成为所谓的“推移质”。

月球上的情况，与地球上由水流发挥骨料处理作用不同，那里的表面岩石已经在陨石撞击中分解成了内容杂乱的“表层”，也就是风化层。这层物质是已被磨碎的基岩，各种大小的陨石不断击打月球表面，让月球基岩不断破裂，这一影响过程从远古时期就开始了，直到今天也还在持续，只是如今的冲击强度已经比远古时期降低了不少。风化层对月面建筑工程来说，是一种易于获得的材料，它与地球上的骨料具有相同的意义，但性质上有一些显著的差异。当然可以把月面材料制成石灰，再结合水来使用，但这耗费的时间和精力未免太多。因此应该针对月球物料的独特性，对地球上的工艺进行某些适应性的调整。风化层中的碎渣大小不一，所以可以通过简单的机械分选（耙梳、筛分）获得想要的各种特定尺寸的颗粒。除了基于水和石灰的水泥，还可以使用风化层中的玻璃物质将其他颗粒材料黏合在一起——有了热能就可以将其烧结成砖头和大块材料，用于建设道路和着陆场地。聚焦镜集中起来的太阳热能，以及电力转化出的微波，都可以提供能量来把这些颗粒的边缘熔化，使之成为坚实耐用的月球陶瓷。

骨料在月球上的使用，可能会是个慢慢开展的过程。

人们在月球上的最初驻扎，几乎完全要靠从地球上带来的材料和物资支持。但随着使用月球资源的经验积累起来，我们就可以将月球物料纳入建筑工程之中。简单且未经人工处理的松散月壤，是这一阶段有用的产品之一。它能用来建造护堤，以保护前哨站免受航天器降落或起飞时的爆炸性冲击，并在热量和辐射的侵袭下荫庇月面的各种资产。到下一个阶段，它就将用于铺设道路和发射/着陆场地，这能减少起降时到处乱飞的灰尘，也会让大量为前哨站服务的有轮车辆在行驶时享受到更好的抓地力。用风化层物质来造砖，会带来大型的月面建筑物。开始的时候，这类建筑可能只是敞开式的、无增压的工作空间和车库，但最终人们会建起宿舍和实验室。3D 打印这项新技术也能用于建设月球前哨站，可以让有着准自主决策能力的机器人使用月面风化层的骨料进行 3D 打印，与接受地球指令的遥控机器人协同完成这类工作。熔化风化层来制造玻璃，这样可以生产出强度极高、耐久性极佳的建材：用月球土壤制成的无水玻璃强度优于合金钢，而且比后者轻盈得多。

月球的金属储量也很可观，可以就地取材进行提炼。其基本工艺是化学还原工艺中最简单的一种，技术含量不高，人们早在 18 世纪的工业活动中就完全掌握了。实验室研究已经证明，钛铁矿（也就是铁和氧化钛）的碳热还原反应会生成氧气，其副产品则是金属单质。利用氟气作为还原剂的技术也已经研究得很透彻了。生产金属的技术需要消耗很多的电能，因为形成于岩石中的矿物的分子结构中通常有着紧密的“金属－氧”键，打破这种化学键需要很多的能量。因此，在月球上的工业化活动中，金属的生产可能不会那么快开始；初期的月面建筑和基础设施的基本部件，可能要由那些生产能耗较低的产品来建造，比如骨料和合成材料。

虽然月球上生产出来的东西大多数会用在月球上，但我们最终也可能让月球产品输出到太空。月球的“重力场”是大质量运输的一个不利因素：虽然月球逃逸速度只有 2.38 千米/秒，远小于地球的 11.2 千米/秒，但这个速度仍然很高。为了在太空建筑中使用更多的月球建材，科学家需要开发一种廉价的方法，让材料从月面剥离开来。好在月球体积小，没有大气层，因此要实现上述目标，可以考虑建立一个能将物质从月面抛入太空的系统。“质量投射器”（Mass Driver）可以通过电磁线圈让物体沿着轨道加速，只要将货物封装好，电磁的力量就会以特定的角度和速度将其抛掷到太空中。这种办法可以从月球表面把物体发射出去，然后在适宜的位置上收集这种抛出来的材料，例如某一个拉格朗日点。从那里出发，把材料送到地月空间内需要它的任何位置，就是相对简单的事情了。“质量投射器”并不是科幻概念，这种系统已经用于从航空母舰的飞行甲板上协助飞机起飞了。

月面上的活动和探索

回归月球的初期目标之一是在尽可能短的时间内实现自给自足，但这并不意味着无暇进行大量的月面勘探和科学活动。届时，由于长住在月球上，会有非常多的机会，用前所未有的精细程度去考察月球的沧桑历史。科学任务包括：研究月面风化层的性质和细节，以及它与太空环境的相互作用（这是个在月球上任何位置都能进行的研究）。这种研究将具有双重的实际意义：它能帮科学家更好地进行资源处理，提高产量；也可以激发学术兴趣，毕竟风化动力学的细节仍然没有摸清。关于实验，可以举个简单、易完成的例子：在风化层中挖一个几米深的沟槽，槽壁上露出的物质就可以供科学家检查、取样，详细研究数十亿年来的太阳活动史和月球陨击史。

月球经历了陨石撞击、物质分层、火山活动、构造作用的过程。这些过程也曾发生在太阳系中的所有岩质行星上。月球表层几乎完整地保留了这些过程的记录，现在科学家可以解读这些记录，并得到启发。月球可以作为窥探行星早期史的窗口，通过对月球的研究，不仅加深了科学家对月球历史的理解，也增长了对所有行星的历史和演化的认识。不妨举例说明一下：地球和月球在过去的 45 亿年在太空中相偎相依，所以影响月球的每一次激烈太空事件也都会影响着地球。由于地表环境是高度动态化的，这些古老事件的痕迹并未在地球上得到保留。然而，月球表面则保留了至少 38 亿年前“地球-月球”系统受到影响的记录。对大量的月球陨石坑的研究，可以揭示撞击频率随着时间推移而发生的变化，这个主题与地质年代里生命的演化和灭绝息息相关。

在学术界和航天圈子里，许多人坚定地相信发射无人探测器是进行太空科学探索的首选方法。许多著名的太空科学家，例如，詹姆斯·范艾伦和卡尔·萨根，认为让机器人执行的任务优于载人任务。太空中的许多现象（例如等离子流和磁场）是无法被人体直接感知的，而且在某些情况下（例如探测月球稀薄的“大气层”时）人类的存在会干扰测量对象的属性。所以我也认为，部分科学活动既不能也不应该由人直接去做。但是，在其他一些领域，人类的亲临不仅有益，还是至关重要的。

第九章　外星建枢纽，桂殿不复寒

月球是一个天然的实验室，可以解答许多重要的科学问题。月球的壳层，在概念层面上可以看成对 4 个维度（空间三维加上时间一维）的可视化陈列，对它的考察工作需要实地完成。实地考察并不是捡几块岩石、拍张照片那么简单，它的“现场”是个处于纯自然状态的世界，直接呈示着科学家要研究的现象。在那里观察得到的事实和线索，可以让科学家把过去的演变和历史重建起来。

“火星探测漫游者”（Mars Exploration Rover，MER）任务的经验，可以作为一个很好的例子来说明人类和机器人之间的能力差异。在来到火星后的前 5 年里，这些机器人小车在火星表面走过了若干千米的路，对岩石和土壤样本进行检查分析，并绘制了附近的火星表面图。这些“漫游”车辆已经发送回了至少数十亿字节的数据，给科学家提供了前所未有的精度的火星表面图及其地质情况图。它们堪称现代工程造就的真正奇迹。然而，经过各种机器人的扩展探索，科学家还是无法在两辆火星车的着陆地点之间绘制出一幅简单的地质剖面图。面对那些在火星表面全景图中引人注目的层状沉积物，科学家不知道它的起源，搞不清它们到底是来自流水沉积、陨石撞击还是火山喷发。而面对那些进行过化学元素分析的火星岩石，科学家也不知道它的矿物成分是怎样的。少了这些信息，关于地球起源和演化过程的理论也就无法板上钉钉。

即使经过了十几年的火星表面探索，关于火星的旷野仍然有不少未知的事情，而如果有一位地质学家在那里，一个下午的考察就可以推断出许多答案。相比之下，“阿波罗”计划的登月航天员访问过的每个地点，科学家都已经有了一个关于其地质状况和结构的概念模型，它虽然不完整，但精细得令人难以置信。须知这些登月任务的航天员最多也只在月球上停留了3天，而且其中大部分时间还是在登月舱里度过的。

机器人漫游车当然可以用来收集样品，但没法让它只收集那些该收集的、与问题相关的样品。实地考察工作的内容，会包括实时提出和回答一些概念问题，以及当场检验一些新冒出来的猜测和理论构想。这是一个复杂的、迭代性质的过程。地质学家在地球上的某些考察现场工作多年，不断提出并解答各种各样的科学问题，甚至把问题细化。天文学家进行月球地质勘探的目标也是获取知识和加深理解，而一块岩石只是一块岩石，它带有数据，但那并不是知识。无人设备可以收集数据，但无法创造知识。

由于可以远程控制那些行星探测器，人们因此认为人类智慧已经引导了这些机器人探险家。但是，在地球上进行了两种类型的野外考察之后，我认为遥控操作的机器人并不是最适合进行外行星考察的选择。所有机器人系统都在感官方面有一些重大的局限性，例如分辨率、景深和周边视觉能力，另外它们在物理操纵方面的局限性更大。该领域的工作，离不开挑选样品、去除某些二次覆盖物、检查新鲜表面等操作。遥控机器人在物理方面的局限，对重复性的、大规模的机械工作而言是可以容忍的，例如道路建设或采矿活动。不过，在创造性的、强调智力成分的探索活动中，它们就会显现出严重的不足。“火星探测漫游者”的火星车制造商也意识到了这方面的需求，于是为它设计了打磨工具以获得新鲜的岩石表面。可令人遗憾的是，经过短时间的操作，打磨工具就钝了，无法继续使用。

人和机器各有自身的局限性，科学家最终想让人、机双方各自发挥适当的技能和本领，以探索月球和其他行星。机器可以负责收集前期侦测数据、进行初步测量，并替人完成重复性的、枯燥耗神的劳动；人则负责不断思考，然后基于这些思考的结果及时开展工作、采取行动，这样以人机配合的方式完成对其他星球的实地考察。

借助考察月球，人类将更深入地了解宇宙，而且要借助这个过程来学习如何对宇宙展开研究。认识到了人和机器在探索太空的任务中各有所长，且二者的长处仅有部分重叠，人们就可能发现一套基于两者优势并使之相互支持、扬长避短的，综合性的规范化考察模式，这才是最有效率也最有益处的。人们虽然很容易就可以设想出远程控制的机器如何在外星球上取代人，却没有这方面的实践经验。通过在月球上尝试这些技术，就可以掌握执行特定探索任务的最佳方法。人们可以将自己对机器的指令干预尽可能减少，但要进行详细的实地研究还是离不开人类的连续、实时的存在。每种技术究竟都有哪些对应的问题，属于人们可以利用月球来接触和理解的知识。这种理解在未来的探索上，在对其他行星类天体的掌握上，都会起到根本作用。

建设太空交通站

与过去的范式“建造、发射、使用、丢弃，然后重复”相比，更合适的短期目标是创建一个永久性的航天基础设施，其中要包含尽可能多的可重复使用的设备。虽然目前航天技术的发展重点主要集中在可重复使用的运载火箭上，但其实永久性的太空通勤飞行器更容易实现重复使用，因为这些航天器不必承受发射时和再入大气层时的高温与机械应力。地月空间内的运输由多个步骤组成，包括在某些位置或轨道上将飞行器编组，例如在地球低轨道上和拉格朗日点上交会和组装，然后运送到下一个编组区域（这涉及火箭发动机的点火，因为要增加或减少在轨的动能）。这些活动对运载工具系统几乎不施加压力，因此在技术上没有理由不尽可能多地重复使用。

关于前文描述过的月球建筑，我个人的构想是建造一个 30 吨级的、可重复使用的月球着陆器。这种飞行器将用于运送人员往返于绕月轨道。因为它不需要配备能坚持更长时间的生命保障系统，所以可以设计得比“星座计划”需要的“牛郎星号”着陆器更小。在此，可重复使用性的问题主要是关于发动机的性能及其维护。目前被“半人马”火箭的末级所使用的、历史悠久的 RL-10 低温发动机，有一个可节流的版本，这个版本支持执行多次重启，对创建可重复使用的着陆器来说是一款良好的引擎。当然，在某些时候也不得不给可重复使用的飞船更换发动机，但它们可以成为模块化系统的一部分，而这个系统可以由月面上专门的航天员和遥控机器来维护。可重复使用的着陆器将有一半的时间待在月面上，另一半时间则在空中，比如在适当的分段节点上、在月球低轨道上或某一个拉格朗日点上。它的设计功能会让它在到达该到的太空节点时，还剩下一半的燃料。这些燃料能支持它实现下一次下降和着陆，然后使用由月球上的水制成的推进剂，在月面补充燃料。

这些被动的、基于太空的资产，需要维护的工作量更小。分段节点也将成为交通系统的一部分，多艘探测器可以在那里会合、收集货物、补充燃料，负责通勤的航天员也可以在那里与他人互动。这些分段节点实际上就是微型的空间站，它们配有自己的电源、热源和姿态控制系统。它们远没有国际空间站那么复杂，因为它们的用途专门且单一，而且大部分时间内处于未使用状态。但是，要让它们正常运行也离不开一些维护活动，这或许包括给姿态推进器添加燃料、对电气和热能控制系统进行维修等。太空运输节点可以设在多种位置，包括地球低轨道、拉格朗日点和月球低轨道，而且它与燃料站既可以相连，也可以不相连。

在轨的燃料站是一项新技术。有了它，向月球运送货物和在整个地月空间内进行运输的有效载荷量都会增加。但是关于这项技术的构造和运行，还有许多东西要学。其中，难度最大的是学习如何处理极低温液体的“蒸发”问题。液氧在-183℃就沸腾了，液氢更是在-253℃就会沸腾（气压为 101 325 帕时）。虽然可以给贮箱加上屏风式的遮蔽，防止它直接暴露在太阳照射中，但是仓库本身的被动热辐射也会给这些液体加热，导致其蒸发。要建立永久性的空间运输系统，必须解决这个问题。尽管目前我们还不知道如何跨过这个障碍，但解决方案有可能是捕获这些蒸发的物质，并将它们重新压缩成液体。

有一种减少蒸发损失的方法：将推进剂控制在更为稳定的状态，直到需要燃烧它时为止。水是一种易于储存和转移的物质，所以可以以水的形式在整个地月空间内运输推进剂，然后在计划中的航天器即将到达之时再将其分解为超低温物质。而这就要求未来的燃料站带有推进剂处理系统。这种系统包括大型太阳能电池板、低温冷冻设备和储藏设施。有了这些设施后，燃料站就会变成一个比原来更复杂的空间站，但同时也削弱了整个地月空间内航天运营的中心化程度。需要注意的是，在月球表面也需要使用这些低温处理设施，以便给到达月球的航天器加注燃料；同时，它们对居住在月球的人员也很重要。

完整的地月运输系统，包括从地球到地球低轨道的运输、多个分段节点、燃料站、负责通勤的航天器、着陆器和月球前哨站。这样的系统能让前往月球和整个地月空间内的任何位置成为家常便饭。如果实现，那将是我们首次拥有在地月空间内的所有地方调遣人员和货物的能力。目前，对地球高轨道上的通信卫星，人们无法派人与之接触。而通过刚才描述的新系统，人类就能前往地球高轨道维护、修理这些卫星，甚至在那里以前所未有的能力建设新型的分布式卫星系统。在那里如果有像国际空间站那么大的通信卫星，就可以给半个地球表面提供不间断的通信覆盖，使地面上的手机网络成为过时之物。它可以提供足够的通信带宽，可以容纳数千路高清频道与其他互联网数据和个人消息同时传输。如果有 3 个这样的通信中心，就可以把整个地球与它的能力联系起来；它将生产出新的财富，并为技术创新和经济发展提供无限的可能。届时，给科学用途的传感器做升级和增强也是可能的了，还能给即将发射的詹姆斯·韦布空间望远镜[13]提供服务——它位于太阳和地球之间的第二拉格朗日点，无法通过现有的系统维修，但未来或许就可以了。

我带领各位进行的这趟学术之旅，是以解释人们如何利用月球物质和能源去创造新的太空飞行能力开始的，也就是说，始于介绍如何在太空中建立可长期使用的交通基

[13] 译者注：本书英文版出版后，詹姆斯·韦布空间望远镜于 2021 年 12 月 25 日发射升空，这里依原文翻译。

础设施。这种能力既可以满足维护和升级卫星方面的要求，还可以满足勘探和开发月球甚至整个太阳系的所有要求。现在，可以谈谈旅程的其余部分了。

月球产品的输出

到目前为止，我关注的主要是不断开发月球资源，以获得在月球上的立足点。那么，除了前哨站以外，月球上还有其他富有经济价值的地方吗？未来从月球上出口哪些产品或许会变得热门？月球资源中会不会有一些“超级应用”，其产品或服务可以创造全新的财富来源，并给航天设备和基础设施投资带来回报？许多人已经敏锐地察觉到在月球上创造价值的可能性，并且正在考虑发挥自身优势的方法。

具有最显著的经济价值的月球产品，当然是水。如前所述，水是太空中非常有用的物质：它可以支持人类的生命，可以作为储存能量的媒介，还可以用来制造火箭推进剂。因此，对有航天愿望的国家或私营公司而言，只要能购买已经存在于太空中的可用的水，就没必要从地球带水了。这个选项，会使他们的太空任务更有成效、更为常态化。在基于太空的市场里，首先出现的可能就是水资源市场。另外，在轨道上飞行的燃料站是否能提供推进剂，也特别重要。把“燃料仓库-运输节点”上剩余的燃料出售，也是一种好的策略。这样售出的燃料可以支持更多的地月空间飞行任务，还能给维持在轨飞行姿态用的推进器当燃料。目前，这种推进器使用的还是储存起来的推进剂，但如果可以从太空中获得低温推进剂，世界各地的卫星制造商将会很快修改他们的设计，以使其卫星能够使用从太空获得的低温推进剂。

在太空中发电，再传输回地球进行商业销售的想法，位列月球发展计划的主要内容已经有一段时间了。太阳能发电卫星（Solar Power Satellite，SPS）的概念一直面临着重大阻碍，因为从地球上把巨大的太阳能电池阵发射到太空里的成本太高。在月球上永久驻扎则可以改变这种局面。可以用月球表面的材料制造太阳能电池阵；而且由于月球上的重力较弱，它能较容易地发射到地月空间之中。事实上，如果真有可行的太阳能发电卫星系统，它们很可能只有在使用月球资源的情况下才会实现。

这种想法还有一个极端化的变体，那就是将太阳能电池阵直接放在月球上：让一个小型月球车沿着地面走动，边走边铺排下非晶体的太阳能电池，它们在物理上和电性上都是已经连接起来的。当这辆月球车缓慢地穿过月球表面后，这些太阳能电池就形成了一个面积可达几十到几百平方千米的电池阵。位于月球赤道区域的巨型太阳能电池板发电场，会因此而具有惊人的 10 亿瓦级的功率输出，这些能量可以通过激光或微波传输到太空中，或直接传输到地球上。任何一个地点的接收器都可以收集到这种电力。为了恒定地接收太阳的照明，该系统必须包括分别位于月球正面和反面的赤道地区的两个太阳能发电场。这些事看起来像科幻小说，但假如以适当的规模开展，在月球上以这种方式生产能量，确实是可行的。技术一旦成熟，未来几十年内就可能从月球土壤中把氦-3 提取出来，再送到地球上的聚变反应堆中用于发电。果真如此发展的话，月球氦-3 的开采就可能成为大规模太阳能发电的一个竞争对手，当然它也将需要大量的月面基础设施，以便让产量达到在商业上有用的水平。不过氦-3 构想中还有一个变数，那就是月球极地“冷阱”中的挥发物里到底含有多少氦-3 还尚未确定。如果这些挥发性的物质来自彗星（对“月球陨坑观测与遥感卫星”的数据的分析表明如此），氦-3 的数量大致就有了保证。因此，从月球极地的冰里面大量提取氦-3，要比从月球赤道地区平原的风化层中提取它更容易，而且更经济。目前，这还是信息链条中缺失的一环。但是，一旦人类能够把带有适当仪器的月球车送到月球极地的阴影区域，这些信息就可以得到确认。

其他种类的月球产品最终也可能产生经济上的吸引力。在月球上制造的水，不论其处于哪种物态，都是第一种月球工业产品，也是最先在月球工业品“出口”活动中获得货币价值的产品。要在太空中穿梭，就要以火箭发射的形式消耗掉一些能量，所以太空航行的自由是建立在能量转化基础上的。为了获得火箭的推进剂，就要获得水。从月球极地的“冷阱”中，可以找到大量的水。因此可以说，水是太空飞行的“通用货币”。

学习在外星球生活和工作

人类如果想成为跨行星的物种，就必须掌握一些特定的技能，并开发出多种各有特色的技术。2009 年“奥古斯丁委员会”提出的建议之一就是要注意在月球、火星这样的天体中选择目的地，以便开发去往太空中任何地方的技术。当拥有了必要的技术时，就会更上一层楼，前往其他行星。

美国历史上最全面的太空技术进步，是“阿波罗”计划带来的。当人类尝试在太空中做某件事，或去往太空中的某个地方时，问题就会浮现出来，而在解决这些问题的过程中，人类的技术就会进步，这是颠扑不破的道理。面对特定的问题和需求，技术解决方案是无论如何也要设计出来的，如果做不到，人类就会变得无处可去、学不到东西、解决不了问题，由此越发脆弱。从历史经验看，比起在业余兴趣商店中逛逛、看看，对答案的迫切需求才会更为快速、有效地推动创新。

人类去往月球，也是为了学习如何用好它给人类的诸多馈赠。其中有一项馈赠要特别提一下，那就是月球作为一个可以生活和工作的世界所呈现的优势。人类至今还几乎没有感受这种优势的经验。50 多年前的“阿波罗”任务，只允许 10 余人登月，每个人只有几十个小时来体会月球。但那次经历为人类唤起了一个永不褪色的梦想：一场伟大的冒险及其前途，正等待着给第一批准备在太空中长期生活的人以更丰富的经验。月球，是人类迈向太空的第一步。学习如何在月球上生活和工作，要求人类和机器共同应对低重力、真空、有着极端温度和强辐射的环境。人类自然可以研发一些设备用于在短时间内保护自己，但也需要了解这些仪器和机器在数月乃至数年的时间尺度上将会呈现何种情况。把月球作为一个自然实验室之后，人类将学会如何到达其他星球并在那里长期生存、茁壮成长。

除了活下去，人类还要学习怎样去探查并研究外星世界。在此还有一个含糊的想法：这样的探索模式在某种程度上同时涉及了人类和机器人，但二者如何互动、如何协同工作才能产生最大化的效益呢？以后更多的太空目的地和目标天体，其环境必然越来越复杂、越来越危险，所以借助月球来学习如何正确地进行严肃的探索活动，是题中应有之义。人类是渴望探索的。通过探索，人类获得了有战略意义的知识，提高了自己的生存概率。获取新的发现，可以拓宽人们的想象力，帮人们设想和解决一些可能从未发生在自己身上的问题。当人类正式迈开进军宇宙的脚步时，月球带来的实践经验将会充分为人类所用。

第十章

开天决此际，向远再登攀

在为 NASA 工作或与 NASA 合作的人眼里，2004 年的“太空探索图景”在概念上是突破性的。它的目标，也就是利用地球以外的资源获取太空飞行的新本领，是改变航天事业方向和方法所需要的一个支点。做出这一改变，将给一大批先前无法实现的任务构想和创意打开大门。

而当年的 NASA 对“太空探索图景”的回应，是致力于首次飞往火星的载人任务。他们设计了一种“阿波罗”计划式的架构，这样就让新规划回到了他们所熟悉的那个唯一成功的行星探测任务运作模式。NASA 的这一决定，给“太空探索图景”中与月球有关的部分贴上了“已去过，已做过”的标签，由此就不可避免地把月球塑造成了这样一种角色：它是缺少新鲜感的目标，会分散我们的精力。

NASA 在此前的两次机遇，即 1989 年的“太空探索倡议”和 2004 年的“太空探索图景”，本来都可以开启一轮新的、具有挑战性的月球任务，但都半途放弃了。“阿波罗 17 号”的航天员哈里森·杰克·施米特是实地探索月球的第一位专业科学家（到目前为止也是仅有的一位），他甚至提议建立一个新机构去实施长期的载人航天战略计划。

施米特主张把 NASA 的部分活动（如航空方面的研究、天文学研究）分配给其他的机构，让新机构内部只保留对载人太空飞行至关重要的、那些位于第一线的太空中心。这个新的航天局将接管目前履行这些职能的基础设施，并在首都华盛顿以最小的规模设立一个总部，负责指挥下级落实政策。虽然架构调整、机构改组的呼声很高，但是施米特的设想仍是不太可能实现的。

目前的一个航天新方向，是改用商业航天器向国际空间站发送航班。如今，美国人为了把自己的航天员送到国际空间站，不得不向俄罗斯付费以便租用他们的“联盟号”飞船。不这样做的话，美国航天员就只能待在家里。至于把人类送上火星，在未来25～30年内或许会实施，但它仍然面对一个首要的障碍：其可行化的工作流程中，还欠缺着关于利用外星资源的这一视角。其实，人们极有可能在仅使用月球生产的推进剂的情况下，实现第一次载人火星飞行。

月球能带给人类的绝不只是燃料，它还可以作为行星登陆系统升级后的一个试验场，作为帮人们掌握下一代行星探测器所需技术的一个自然实验室。现实的火星计划架构，一定要融合并利用月球的宝贵资源。

那些认为应该绕过月球这个环节、直接去往火星的人士，不妨考虑下面这些情况。火星的重力场强度是月球的两倍。通过空气制动降落到火星表面需要减小的速度约为1000米/秒，而从火星表面升入绕火星运行的轨道需要增加的速度约为5000米/秒。这意味去往火星（或从火星出发）的飞船必须携带一个下降（或上升）模块；而如果打算去了火星之后定居在那里，那就将是一次单程旅行。在月球上，上升或下降都需要大约2000米/秒的速度变化量，这个数值可以通过单级飞行工具来实现，所以就可以重复利用这种航天器，实现在绕月轨道和月面之间的连续旅行。可重复使用的性质，为在其他行星上建立驻扎地的问题提供了经济实惠的解决方案；往返于月面的能力，再加上月球前哨站规模的逐渐扩增，则可以创建出在月球上永久驻扎的局面。这种方式，对用于火星的那种一次性的、用完即弃的部件来说是行不通的，它们提供不了可持续发展的太空交通架构。

当前的航天活动模式是60多年前建立的，这个模式讲究航天器的定制设计和专门制造，然后还使用消耗性的运载工具发射它们，简单来说就是设计、建造、飞行、使用，然后丢弃。这种模式诞生在急迫的需求中，它让航天器变得复杂、昂贵，而且使用寿命很有限。它迫使人们从太阳系核心区最深的“重力场”的底部，也就是从地球上发射我们所需的一切。要想到达预定的目的地，需要耗费极多的能量。在看待航天飞行问题的路数发生改变之前，我们恐怕将继续受制于运载质量和功率方面的“天花板”，太空飞行能力也因此无法继续进步。其实，这些困难但也必要的目标，可以通过采取小的、可承担的一系列“增量步骤”来实现。这些步骤是相互关联、相互依赖的，等它们可以一同发挥作用时，人们就有了更强悍的本领。

现在人类全部的现代太空资产，大都位于地球和月球之间的区域（也就是地月空间），而到达地球低轨道的难度又限制着人们在那里的活动内容。地月空间内的这些人造天体，是现代技术文明的支柱，发挥着重要的社会功能，如通信、定位、遥感、气象监测等。这些太空资产的规模和能力极限受制于两个条件，即具备特定的有效载荷量的火箭最大可以造多大，以及它们自身预定的使用寿命有多长。航天飞机和国际空间站工作的历史表明，随着时间的推移，人和机器可以协同组装并维护太空系统，而且这些系统可以根据具体需要做得很大，并长时间地运行——问题只在于：要把人和机器运送到地月空间内的各个位置上。

人类要成为一个航天物种，就必须在整个地月空间获得并保有通行自由、活动自由。机器探测表明月球的极点附近含有大量的固态水，这是目前对人类最有用处的外星资源。水是让生命体得以运转的必备消耗品，还可以作为屏障帮我们抵挡宇宙中的射线。此外，它还是储存能量的媒介——它可以通过太阳光产生的电力被分解为氢和氧，这两者在月球的夜晚或月球上发生日食期间可以重新组合为水，确保电力的持续。最后，液态的氢和氧也是已知最为强力的化学火箭推进剂，所以，把月球开辟为人类在地月空间内的第一个“星际加油站”也就有了可行性。

由于月亮离地球很近，无线电信号往返一趟的耗时也不到 3 秒。这种很短的延迟，让科学家可以在地球上遥控位于月球的机器，初步开展在月面建立示范性资源处理设施的工作。飞船从地球上飞往月球的时间也只需 3 天，并且在一年中任何时候发射都可以。在富含固态水的月球两极附近，有一些山峰和环形的山岭几乎沐浴着持久的阳光，这可以帮助太阳能电池几乎持续不断地产生电力。在收获月球水资源的初期，所需的各种设备都很小，可以用中型甚至小型的运载火箭发射。所以，科学家现在就可以开始月球极地资源开采设施的安装和调试工作，无须等待新型的大推力发射系统的出现。在月球上以渐进式方法慢慢累积建筑规模的思路，几乎可以适应预算水平的各种波动，并产生数量众多的中途里程碑来记录已有的成就，呈现稳健的进展态势。最后，利用很多个小步骤来开发月球，有助于不同的国家和商业伙伴参与到永久性太空运输系统的建设中来。

让月球和地月空间成为人类在太空中的下一个重大目标，能解决许多问题。它创造了一个近期（指未来 10 年，而不是未来几十年）的前景，人们可以呈现和衡量其进展，并引来无数的创意者和参与者。它可以按照渐进的步骤来构建，带来一个可持续使用的基础设施，帮助人和机器进入地月空间内的所有位置，在那里可以布设科学设备与其他多种资产。人类最终将奠定必要的基础，引领人们绕过那先前亦由人们自己布设的“路障”，建立一个让往返于地球低轨道的飞行成为家常便饭的太空运输系统，由此推动整个太阳系向我们的载人考察活动敞开。

若人们能开始常态化地造访地月空间，人类就告别了载人太空旅行的初期范式，转而去创造、运用和驾驭那些真正的长期航天能力了。开发地月空间和月球，诚然是颇具挑战性的目标，但它并非遥不可及。虽然人们还不确定这趟旅程最终会带来什么，但对历史的回顾表明，当视野扩大之后，人类终归能获得更多的知识，迎来更多的繁荣。利用月球的资源去探索宇宙，去追求生存和繁荣，都将增加人类长期繁衍的机会，并且提升人们的生活品质。这一巨大的挑战，注定将为我们带来突破性的技术进展和全新的发现，并由此保障所有人走向更加美好的未来。